高等学校计算机科学与技术教材

MATLAB 语言及实践教程

（第 3 版）

朱衡君　主编

齐红元　邱　成　肖燕彩　编著

U0268382

清华大学出版社

北京交通大学出版社

·北京·

内 容 简 介

　　本书以最新的 MATLAB R2019b 为基础，简要介绍了 MATLAB 语言的程序设计及应用，主要包括它的数据结构与程序设计基础、二维与三维绘图、MATLAB 语言在现代科学运算中的应用、SIMULINK 的基本使用等知识。通过详实的例题及特别强调的上机实践部分，使学生经过较短时间的学习，就能有效地掌握 MATLAB 的编程和使用技巧。

图书在版编目（CIP）数据

　　MATLAB 语言及实践教程/朱衡君主编；齐红元，邱成，肖燕彩编著 . —3 版 . —北京：北京交通大学出版社；清华大学出版社，2020.9（2022.1 重印）

　　ISBN 978-7-5121-4282-4

　　Ⅰ．①M… 　Ⅱ．①朱… ②齐… ③邱… ④肖… 　Ⅲ．①Matlab 软件–程序设计–教材

Ⅳ．①TP317

　　中国版本图书馆 CIP 数据核字（2020）第 135528 号

MATLAB 语言及实践教程

MATLAB YUYAN JI SHIJIAN JIAOCHENG

责任编辑：谭文芳

出版发行：清 华 大 学 出 版 社　　邮编：100084　　电话：010-62776969　　http://www.tup.com.cn
　　　　　北京交通大学出版社　　邮编：100044　　电话：010-51686414　　http://www.bjtup.com.cn

印 刷 者：北京鑫海金澳胶印有限公司

经　　销：全国新华书店

开　　本：185 mm×260 mm　　印张：15.5　　字数：396 千字

版 印 次：2004 年 11 月第 1 版　　2020 年 9 月第 3 版　　2022 年 1 月第 2 次印刷

印　　数：3 001～5 000 册　　定价：45.00 元

本书如有质量问题，请向北京交通大学出版社质监组反映。对您的意见和批评，我们表示欢迎和感谢。

投诉电话：010-51686043，51686008；传真：010-62225406；E-mail：press@bjtu.edu.cn。

第 3 版前言

《MATLAB 语言及实践教程》面世已近 15 年，虽说印过几万册，近年来竟然一册难求，以至于一些读者求诸于二手市场。由于 MATLAB 软件不断发展，版本不断更新，本书第 2 版中的很多叙述已经不符合软件实际，给读者学习造成了一定困难，尽管如此，本书在 2020 年 1 月又不得不加印了一次，以应对需求。

十多年来，我的工作领域发生了很大变动，不再有机会使用 MATLAB 软件和讲授 MATLAB 课程，退休以后更对这个软件和本书失去了接触，没有能够随着软件的不断发展而与时俱进，为读者提供更合适的书，对此深感愧疚。

然而，本书的需求情况又给了我极大的鼓励，决心抖擞精神把本书再更新一版。这一想法得到了我们团队成员的大力支持，万分感谢他们于百忙之中加倍努力，深入 MATLAB 最新版本的环境，逐条验证本书中用到的命令和函数，促成了本书第 3 版的推出。这些年来他们都担当了更重要的教学科研及组织领导工作，这次能够沉下心来，做最基础细致的工作，体现了责任与担当，实属难能可贵。

在本书第 3 版中，我们对第 2 版中的叙述作了较为彻底的修订，把全部程序语句描述和例题都统一到 MATLAB R2019b 版本之下，为每一章的上机实践习题做了部分修改或增删，并根据需求增编了第 7 章 "MATLAB 解析运算初步"。此次修订工作，第 1 至 4 章由邱成完成，第 5、6、8 章由齐红元完成，朱衡君编写第 7 章并负责总纂定稿。

编者再次对广大读者的关心与厚爱、出版社朋友的指导与建议、教学团队老师的身体力行及教材编写同仁的辛勤劳作致以衷心的感谢和崇高的敬意！对于这本小书的迟到，再次向读者们致以深深的歉意。

MATLAB 从 1984 年诞生至今 36 年来，集成了世界多国精英的智慧与贡献，国内有马秀莲、庞希坚、薛定宇等先行者努力推出，近年又有中国新秀加盟 MathWorks 从事英汉翻译工作，使得我们有了更便捷的工作条件，加之本书定位是入门普及，适应软件新版的工作都是依靠软件本身的在线帮助文档完成的，因此本书没有对之前的同类文献逐条列举，谨在此对所有的开拓者和传播者致以崇高的敬意！

为了方便读者使用本书，我们将本书中用到的程序脚本、程序文件、解题需要的数据文件和习题参考答案都放在出版社的网站上，为购置本书的读者提供了一个下载网页，这样可以免去读者许多键盘输入的辛苦劳作、宝贵时间及输入错误带来的烦恼，请及早扫描扉页上的二维码下载。

计算机硬件和操作系统的发展从来没有停止过，用户的计算机工作环境千姿百态，推陈出新；MATLAB 的新版本以每年两次的速度持续推出，汉化工作不断完善，软件变化之大，出乎所料。面对这样的形势，尽管我们努力跟上时代步伐，然而百密一疏，难免出错，诚恳期望广大读者继续提出坦率的宝贵意见。

朱衡君

hjzhu@ bjtu. edu. cn

2020 年 8 月于北京交通大学

第 2 版前言

《MATLAB 语言及实践教程》面世已近五年，其间增印过 3 次共印 12000 册，受到读者的欢迎，实现了当年精炼简洁、实用方便的初衷。现在，甚至在国外学习的中国同学和在中国攻读学位的外国同学也提出了对 MATLAB 简明教材的需求，因为在国外 MATLAB 不是作为一门课程，而来华留学生则不一定讲英语。

经教学团队近年来的教学积累，吸收广大学生和读者的建议，按照出版社的建议，我们又推出了本书的第 2 版，以满足教学的需要。这一版对原来遗留的疏漏和错误作了较为彻底的修订，把全部程序语句描述和例题都统一到 MATLAB 7.0 版本，并为每一章补充了一些练习题目。特别地，为了适应读者对多种程序语言混合编程的需要，齐红元博士根据几年来的教学经验编写了"MATLAB 与 C 语言的接口应用"一章。邱成副教授完成了第 1、4 章的修订，肖燕彩博士完成了第 2、3、5、6 章的修订，仍由朱衡君总纂定稿。

编者谨在此对广大读者的关心与厚爱、出版社朋友的指导与建议、教学团队老师的身体力行及教材编写同仁的辛勤劳作致以衷心的感谢和崇高的敬意，对于一本还算成功的小书，他们一个也不能少！

虽经多人努力，仍难免疏漏之处，诚恳接受广大读者继续提出坦率的宝贵意见。有了互联网，这种接受就远远不止是一种渴望，而是可以得到涓涓甘露的。

朱衡君

hjzhu@ bjtu. edu. cn

2009 年 6 月于北京交通大学

前　　言

　　一年前，北京交通大学出版社请东北大学的薛定宇老师编写一本 Matlab 的教材，薛老师推荐了我，理由是北京交大自己就有这方面的老师，为什么舍近求远？我就这样担起了编写本书的责任。我和薛老师 15 年前同在英国 Sussex 大学跟随 D. P. Atherton 教授攻博，我深知他的功底，运用纯熟、研究精深，出了好几本书，还建立了"Matlab 大观园"网站（http://matlab. myrice. com），他编写的《科学运算语言 Matlab5. 3 程序设计与应用》决不是那种生吞活剥、翻译剪贴、为提职称造的书，在国内影响甚大，几年来我一直选它为教材，在编写本书时沿用了薛老师的框架，借用了他提供的很多例子。

　　现在可以说每个高年级理工科大学生都知道 Matlab 了，回想十年前我刚回国的时候，用DOS 版的 3.5k 给我唯一的研究生上课，那时国内唯一的书籍是北京交大马秀莲与庞希坚老师编译、希望电脑公司出版的《MATLAB 语言——一种非常实用有效的科研编程软件环境》。1996 年在北京理工大学机械电子工程中心看到他们软件清单上有 Matlab，感到眼前一亮，尽管那里的人还没有开始使用它。后来跟我学 Matlab 的学生人数逐渐增加到 2 人、3 人、5 人、10 几人，终于发展到近百人的班级规模，从研究生扩展到本科生，大家渐渐认同了这个方便的软件工具。因此，Matlab 的一系列优点在此不必多说，这个易学易用、功能强大、开放式的软件环境能有如此旺盛的生命力，就已经说明了它的好处。

　　现在 Matlab 的版本不断升级，书店里的 Matlab 书种类繁多，但总也跟不上新版本，刚刚见到 6.5 版的书，马上 7.0 版就推出了。这本书和其他电脑类书籍相比真是薄薄的，千万别想从里面找太多的东西，书店里的一些大部头固然有内容详尽的优点，但是对初学者来说大部分内容暂时用不上，真到要用时，书却已过时。这本书是专为初学者尽快入门编写的，小篇幅便于携带；忘了命令或函数，能方便地找到；可能也便宜点儿，减轻些学子们的负担；更新版本很少改变其核心内容，内容简洁的书使用寿命较长；这些都在我们写书的初衷之内。

　　其实 Matlab 不应该称为一门课程，学生或新用户完全可以自学入门、交流提高的，但是因为 Matlab 至今没有汉化的版本，英语使用环境成为困难所在，日益增加的英文函数名称和工具箱、浩瀚的英文机载帮助文件很容易使人望而生畏，抵消了易学易用的好处，于是一本简明的书加上有指导的上机动手实践，就成了入门的有效手段。同学间的交流帮助是进一步提高的途径，除了周围的朋友互助外，现在很多学校的 BBS 网站上都设有 Matlab 论坛，其上讨论得十分热烈，很多具体问题都由网友们自行解决，大量共性的问题已经编辑成了专页，交流帮助已经跨越了学校的界限，更跨越了师生、校企的界限。

　　本书的编写工作是由一个教学小团队完成的。在过去十年的教案、课件、试卷基础上，沿用薛定宇老师的框架，结合我们教学的体会，肖燕彩老师编写了第二、三、五、六章，邱成老师编写了第一、四章，每章后面提供了上机实践的内容，由易到难，具有一定的挑战性。

　　希望本书成为广大初学者的朋友。

朱衡君

2004 年 8 月于北京交通大学

目　　录

第 1 章　MATLAB 语言概述

MATLAB 语言是当今国际上科学界和教育界最具影响力、也最有活力的软件；它起源于矩阵运算，现已发展成一种高度集成的计算机语言；它提供了强大的科学运算、灵活的程序设计流程、高质量的图形可视化与界面设计、丰富的交互式仿真集成环境，以及与其他程序和语言便捷接口的功能。MATLAB 语言在各国高校与研究单位起着重大的作用，是通用的科学计算、数值仿真及数据可视化的重要工具。本章将简要介绍 MATLAB 语言的总体情况并引导读者进行 MATLAB 基本功能演示。

1.1　MATLAB 语言简介

1.1.1　MATLAB 语言及其发展历程

MATLAB 是美国 MathWorks 公司开发的一种语言，用于科学和工程方面的数值计算，也可称它为交互式的高效软件包。MATLAB 将数值分析、矩阵运算、信号处理、图形功能和系统仿真融为一体，使用户在易学易用的环境中求解问题，如同书写数学公式一样，避免了传统的复杂专业编程。MathWorks 公司对 MATLAB 优点的描述是"计算、可视化及编程一体化"。

MATLAB 一词是 Matrix Laboratory（矩阵实验室）的缩写，它的基本数据单元是矩阵，所有的变量都可用矩阵来表示，向量是行数为 1 或列数为 1 的矩阵，而标量则是 1 行 1 列的特例矩阵，在编程时不必像其他语言一样为矩阵定义维数和大小。用 MATLAB 求解一个问题比编写 FORTRAN、C/C++ 或 BASIC 语言程序求解所用的时间要少得多。此外，它的数学表达和运算结果也几乎和数学解析式的表现形式完全相同。

经多年的开发运用和改进，MATLAB 已成为国内外高校在科学计算、自动控制、系统仿真及其他领域的高级研究工具。在工业界，它主要用于研究和解决特殊的工程问题和数学问题。典型的用途包括以下几个方面：

数学计算与分析；

新算法研究开发与人工智能；

建模、仿真及样机开发；

数据分析、探索及可视化；

科技与工程的图形功能；

友好图形界面的应用程序开发。

20 世纪 70 年代后期，时任美国 New Mexico 大学计算机系主任的 Cleve Moler 教授为 LINPACK 和 EISPACK 两个 FORTRAN 程序集开发项目提供易学、易用、易改且易交互的矩阵软件而形成了最初的 MATLAB。1984 年，Cleve Moler 和 John Little 等人成立了 MathWorks 公司，推出了第一个 MATLAB 商业化版本，该版本的内核全部采用 C 语言编写，除了原有的数值计算功能外，还增加了数据可视化功能和与其他流行软件的接口功能。

在 1992 年，MathWorks 公司推出了基于 Windows 操作平台具有划时代意义的 MATLAB 4.0 版本，增加了图像处理功能、符号计算工具包和交互式的动态系统建模、仿真、分析集成环境，并通过运用 DDE 和 OLE，实现了与 Microsoft Word 的无缝连接。在 1997 年推出的 MATLAB 5.0 专业版和学生版增加了许多新的数据结构（如单元结构、数据结构体、多维矩阵、对象与类等），操作界面更加友好，使其成为一种更方便的编程语言。随后，MATLAB 又经历了 5.1、5.2、5.3 等版本的不断改进。进入 21 世纪以后，MATLAB 获得了更加长足的发展，在 2002 年夏推出了 MATLAB 6.5 版本，操作界面进一步集成化，采用了 JIT 加速器，使运算速度得到了极大的提高，从 2004 年以后陆续推出了 MATLAB 7.X 系列版本，升级并增加了部分工具箱。2006 年开始以年份为版本号，每年 3 月和 9 月各进行一次产品发布，3 月份发布的版本被称为 "a"，9 月份发布的版本被称为 "b"；截至笔者修订本书的时间为止，最新的版本为 R2019b。与以往的版本相比，现在的 MATLAB 拥有更丰富的数据类型和结构、更友好的面向对象的开发环境、更精良的图形可视化界面、更广博的数学和数据分析资源、更方便的应用开发工具。

时至今日，MATLAB 早已超出了"矩阵实验室"的概念，发展成为一种具有广阔应用前景的计算机高级语言，是国际上最流行的科学与工程计算的软件工具之一。MATLAB 已经成为线性代数、自动控制理论、数理统计、数字信号处理、时间序列分析、动态系统仿真等高级课程的基本教学工具。成为攻读学位的本科生和研究生必须掌握的基本技能。

10 年前的 MATLAB 7.0 已经有了汉化版，除了界面上看得到的汉字以外，函数里的字符参数也可以引用汉字，现在最新 MATLAB 版本的很多帮助文件里也有了汉语解释，这对中国用户来说真是一大福音。

1.1.2　MATLAB 语言的工具箱

MathWorks 公司在不断推出新版本 MATLAB 的过程中，使其功能不断完善，并且提供了非常丰富的工具箱，这也是 MATLAB 语言能在工程领域得到广泛应用的主要原因。在发展进化过程中，工具箱得到了扩展提高和适当归并，R2019b 版共提供了 53 个工具箱，其中可以看到先进技术的身影，如 5G、深度学习（deep learning）、风险管理（risk management）、导航（navigation）、自动驾驶系统（automated driving system）等。教学科研较为常用的 MATLAB 工具箱有：

Communications Toolbox	通信工具箱
Control System Toolbox	控制系统工具箱
Curve Fitting Toolbox	曲线拟合工具箱
Database Toolbox	数据库工具箱
Financial Toolbox	金融工具箱
Fuzzy Logic Toolbox	模糊逻辑工具箱
Image Processing Toolbox	图像处理工具箱
Mapping Toolbox	映射工具箱
Optimization Toolbox	最优化工具箱
Parallel Computing Toolbox	并行计算工具箱

Partial Differential Equation Toolbox	偏微分方程工具箱
Signal Processing Toolbox	信号处理工具箱
Statistics Toolbox	统计工具箱
Symbolic Math Toolbox	符号数学工具箱
System Identification Toolbox	系统辨识工具箱
Trading Toolbox	贸易工具箱
Wavelet Toolbox	小波工具箱
WLAN Toolbox	无线局域网工具箱

这些工具箱几乎涵盖了所有工程领域，用户在掌握了利用 MATLAB 解决问题的基本方法后可以很容易地使用它们。除了上述工具箱以外，在 MathWorks 公司的网页上还有许多免费的工具箱和函数可供下载，为用户解决自己的实际工程问题提供了极大的方便。MathWorks 公司的网址为：http://www.mathworks.com。

在国内也有一些论坛可供 MATLAB 读者和使用者交流经验、解决问题或答疑之用，例如在"水木社区"（http://www.newsmth.net）的"数学工具"版就有很多关于 MATLAB 的讨论。

1.2　MATLAB 基本功能演示

MATLAB 提供了示例演示程序，下面将举例说明其在各个方面的应用。在 MATLAB 集成用户界面中的"帮助"菜单下选择"示例"菜单项就可以进入示例演示程序，在命令行窗口中输入 demo 或 demos 命令也可以进入示例演示程序。建议初学者在使用 MATLAB 语言编程前先运行其演示程序，以便对 MATLAB 的强大功能有一个总体了解，并体会其编程风格。

如果用户在 MATLAB 界面上应该出现汉字的地方看到的是一个个方块，那就需要选用汉字字体，做法是在界面窗口上方的"环境"栏中单击"预设"，打开"MATLAB 预设项"窗口，在其左侧的目录里单击"字体"，再在右边选择适当的中文字体。

【例 1-1】 MATLAB 最基本的功能是矩阵处理与运算，它以复矩阵作为最基本的变量单元，并且提供了丰富的矩阵处理函数。德国画家兼业余数学家 Albercht Dürer 在文艺复兴时期创作了一幅版画"Melencolia I"（忧郁症患者），见图 1-1（a）。如果仔细观察，会发现右上角有一个 4×4 的方阵，如图 1-1（b）所示。它的各横行、各竖列及两对角线上的 4 个元素之和都相等。当然，要经过一番计算才能得到这样一个幻方矩阵。中国古代的《洛书》九宫图就有幻方的记载。公元前一世纪，西汉宣帝时的博士戴德在他的政治礼仪著作《大戴礼·明堂篇》中就记有"二、九、四、七、五、三、六、一、八"的《洛书》九宫数。《洛书》被世界公认为组合数学的鼻祖，它是中华民族对人类的伟大贡献之一。图 1-1（c）所示为《周易本义》中的《洛书》九宫数。

在 MATLAB 中通过函数 magic( ) 可以很方便地得到这样的矩阵。在命令行窗口的提示符下输入 A=magic(4)命令，就立即实现了这个目的，它将生成的 4×4 幻方矩阵赋给变量 **A**。

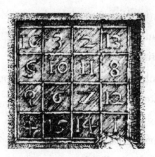

（b）4×4 幻方矩阵

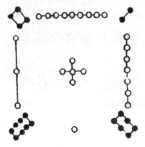

（a）版画"Melencolia I"（忧郁症患者）   （c）《洛书》九宫数

图 1-1 带有幻方矩阵的历史图画

```
>> A = magic (4)
A =
    16     2     3    13
     5    11    10     8
     9     7     6    12
     4    14    15     1
```

我们可以使用下面的语句来验证一下此矩阵是否满足条件。

```
>>[ sum(A), sum(A'), trace(A), trace(rot90(A)) ]
ans =
    34    34    34    34    34    34    34    34    34    34
```

可以看出，各行、各列及两对角线上的元素之和都相等，为 34。当然，满足这个条件的 4×4 的矩阵并不是唯一的。

在 MATLAB 中我们还可以很方便地实现矩阵的各种运算，而这在 C++或 FORTRAN 等其他计算机编程语言中是非常复杂的。例如执行下面的语句可以求得上述矩阵的秩和特征值。

```
>> r = rank (A), e = eig (A)
 r =
     3
 e =
    34.0000
     8.9443
```

```
-8.9443
 0.0000
```

【例 1-2】 在 $[0, 2\pi]$ 范围内绘制函数 $y = \sin(t^2)$ 的曲线图。执行下面的程序，可以得到如图 1-2 所示的图形。

```
>> t = [ 0 : 0.05 : 2 * pi ];
>> y = sin (t .^2);
>> plot (t , y)
```

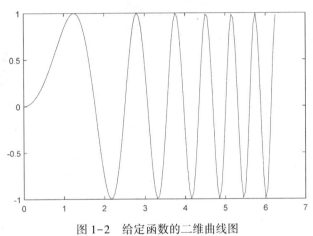

图 1-2　给定函数的二维曲线图

在本例中，先在 $[0, 2\pi]$ 范围内按等步长 0.05 生成行向量 t，然后计算向量 y 的值，最后调用 plot( ) 函数绘制二维曲线图。

【例 1-3】 选择一个合适的坐标范围，绘制下面二元函数的三维曲面图。

$$z = f(x, y) = 3(1-x)^2 e^{-x^2/2 - (y+1)^2} - 10\left(\frac{x}{5} - x^3 - y^5\right)e^{-x^2 - y^2} - \frac{1}{3}e^{-(x+1)^2 - y^2}$$

在绘制三维曲面图之前，需要首先调用 meshgrid( ) 函数生成 x 和 y 平面的网格表示，然后利用上面的公式计算坐标 z 的值，最后调用 surf( ) 函数绘制曲面图。为实现上述目的，执行下面的程序将得到如图 1-3 所示的图形，程序中的...是续行标志，表示本行尚未写完，下一行是本行的继续；\it 表示其后的字符使用斜体。

```
[x,y]=meshgrid(-3:0.1:3);
z=3 * (1-x).^2. * exp(-(x.^2)-(y+1).^2)-10 * (x/5-x.^3-y.^5)...
    . * exp(-x.^2-y.^2)-1/3 * exp(-(x+1).^2-y.^2);
surf(x,y,z),colorbar
xlabel('\it x'),ylabel('\it y'),zlabel('\it z')
```

【例 1-4】 求解著名的 Van der Pol 微分方程，并且绘制其时间响应曲线。

$$\ddot{y} + \mu(y^2 - 1)\dot{y} + y = 0$$

首先选择状态变量 $x_1 = y$，$x_2 = \dot{y}$，设参数 μ 为 1，则原方程变换成

$$\dot{x}_1 = x_2, \quad \dot{x}_2 = (1 - x_1^2)x_2 - x_1$$

我们先建立一个函数文件 vdpfunc.m 来描述系统的模型，具体内容为

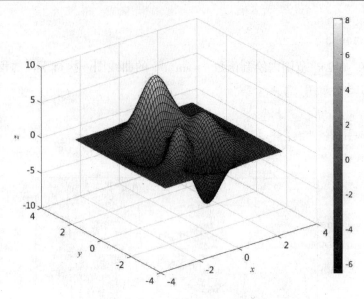

图 1-3 给定二维函数的三维曲面图

```
function dxdt = vdpfunc (t , x)
dxdt = [ x(2) ;
        (1 - x(1) ^2) * x(2) - x(1) ];
```

然后执行下面的程序求解常微分方程组，调用语句中，$[t,x]$ 是自变量和函数，ode45( ) 是求解常微分方程组的程序，@vdp1 是调用刚才建立的系统模型函数，$[0,20]$ 是求解的时间范围，$[2;0]$ 是函数及其一阶导数的初值。

```
[t,x]= ode45 (@vdpfunc, [0 , 20], [2 ; 0]);
```

求得的 x 是个两列矩阵，第一列是函数值 y，第二列是一阶导数值 y'，所以用绘图命令将求得的矩阵 x 的第一列绘制成图，就得到了图 1-4 所示的变量 y 的时间响应曲线，读者也不难自行绘制 y' 的时间曲线。

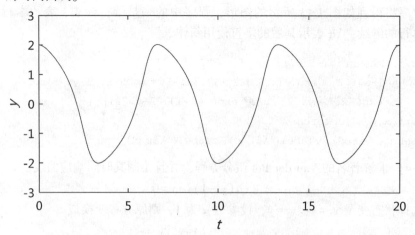

图 1-4 Van der Pol 微分方程的时间响应曲线

```
plot (t ,x(:,1),'-b')
xlabel('t'), ylabel('y'), title ('Van der Pol 方程')
```

【例1-5】在距地面 10 m 的高度，以 15 m/s 的初速度向上抛出一个橡皮球，模拟此橡皮球的运动过程。首先使用 MATLAB 的 Simulink 工具建立如图 1-5 所示的模型，然后开始仿真，就可以得到如图 1-6 所示的结果。其中，右面示波器窗口表示像皮球速度随时间变化的情况，左面示波器窗口表示其位移随时间变化的情况。

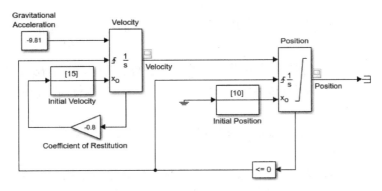

图 1-5　反弹橡皮球的 Simulink 模型

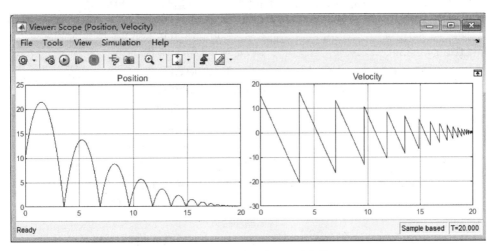

图 1-6　反弹橡皮球的运动曲线

1.3　上机实践

1. 在命令行窗口的提示符>>后面输入 demo，运行示例演示程序，了解 MATLAB 的强大功能，体会其编程风格。

2. 在命令窗键入 helpwin，打开帮助文档页面，从左侧的类别栏中打开 MATLAB 类，再进一步打开"数学"类和其中的"初等数学"类，分别单击其中的"算术运算"和"三角学"，在右侧查看各种函数，熟悉 MATLAB 的相关表达式和函数。

3. 继第 2 题之后，单击"初等数学"类中的"指数和对数"，查看相关的各个函数。

再选中"示例"选项卡,单击其中的示例"指数函数的图形比较",查看 e^{π} 和 π^e 到底谁更大。

4. 用 help sum 命令查看求和函数的用法,以便于做下面的题。

5. 现有一个 3 阶幻方矩阵

$$A = \begin{bmatrix} 8 & 1 & 6 \\ 3 & 5 & 7 \\ 4 & 9 & 2 \end{bmatrix}$$

试用 MATLAB 验证其各行、各列及主、副对角线上的三个元素相加之和相等,并且求此矩阵的秩和特征值。

6. 用 C/C++语言建立三阶幻方矩阵,并验证其各行、各列及主、副对角线上的三个元素相加之和相等。根据实际切身体会,在这两种编程工具中,哪种语言在进行矩阵运算时更方便?

7. 用 MATLAB 语言绘制函数 $y = t\sin 2t$ 在 $t \in [0, 2\pi]$ 内的曲线图,注意把图的标题、坐标刻度单位等信息添加完整。

8. 参考例 1-3,选择合适的坐标范围,试用 MATLAB 语言绘制二元函数 $f(x, y) = (x^2 + y)e^{-x^2-y^2/2}$ 的三维曲面图。可参考附录 B 中的程序文件 B.1 中例 1-3。

9. 试用对分法求解 $y = \ln x - \sin x = 0$。以下程序可逐行运行或新建脚本运行。

```
x1 = 1; x2 = pi;                    % 设置初值,判定解在 1 和 π 之间.
for I = 1:32                        % 设定对分法循环 32 次
    y1 = log(x1)-sin(x1);          % 求左端点的函数值
    y2 = log(x2)-sin(x2);          % 求右端点的函数值
    x = 0.5 * (x1+x2);             % 求中间点的自变量值
    y = log(x)-sin(x);             % 求中间点的函数值
    if y * y1>0, x1=x; end         % 如果中间点的函数值与左端点函数值同号,
                                    % 则将中间点作为下一次循环的左端点.
    if y * y2>0, x2=x; end         % 如果中间点的函数值与右端点函数值同号,
                                    % 则将中间点作为下一次循环的右端点.
end                                 % 循环结束
format long; x, y                   % 设置长格式以显示较多的有效数字.
```

程序文件参见 B.1 中 1.3/9,MATLAB 程序 logsine.m。

第 2 章　MATLAB 运行环境和编程工具

一般来说，MATLAB 的运行不受机器和环境的限制，它可在各种常用的计算机系统下工作，如 Windows、Linux、MacOS 等。本章将着重介绍 MATLAB 环境的基本使用方法和常用的控制命令，并初步介绍 MATLAB 的联机帮助功能。

2.1　MATLAB 的使用界面

MATLAB 语言的安装与其他 Windows 程序的安装很类似，首先执行安装目录下的 set-up. exe 文件，该文件将自动引导安装过程，将整个 MATLAB 环境安装到计算机硬盘上，并在 Windows 的"开始"菜单中建立一个程序图标。

MATLAB R2019b 的默认安装目录为：C:\Program Files\MATLAB\R2019b 用户可以另行指定，为安全计，一般建议安装在 D 盘。该目录下有几个常用的子目录。

（1）bin：MATLAB 执行文件、批命令和环境设置文件集。

（2）examples：MATLAB 的示例演示程序集。

（3）extern：MATLAB 建立外部接口的文件集。

（4）help：存储 HTML 型的或 PDF 型的联机帮助文件。

（5）java：MATLAB 和 Java 的接口文件集。

（6）sys：MATLAB 运行需要的工具和操作系统文件集。

（7）toolbox：MATLAB 各工具箱的子目录，其中有内含 MATLAB 软件基本内容的 matlab 子目录。

（8）simulink：SIMULINK 软件所在的目录，该软件将在第 6 章详细介绍。

（9）uninstall：MATLAB 卸载程序集。

在 MATLAB 安装好之后，可以有以下 3 种方法来启动 MATLAB：

（1）如果安装时选择了在桌面上设置如图 2-1（a）所示的 MATLAB 图标，则最直接的启动方法就是双击该图标；

（2）在 Windows 的"开始"菜单中选择"所有程序"，然后选中"MATLAB R2019b"，见图 2-1（b）；

（3）在资源管理器的 C:\Program Files\MATLAB\R2019b\bin\目录下双击 matlab.exe，如图 2-1（c）所示。

启动 MATLAB 后，将会打开默认的工作界面。MATLAB R2019b 的工作界面可分为上、下两部分，上半部有工具栏和路径栏，下半部分为左、中、右三列。图 2-2 是经过调整的默认界面，主要是缩小了幅面以适应本书的页面和清晰度，另外将命令历史记录窗口停靠在界面的右下角便于查看。由于用户的计算机型号配置各不相同，用户此时在自己计算机上看到的界面会与图 2-2 有所不同。

　　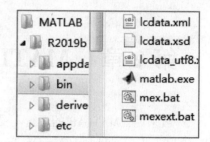

（a）桌面上的 MATLAB 图标　（b）"开始"菜单中的 MATLAB 选项　（c）"资源管理器"里面的 MATLAB 执行程序

图 2-1　启动 MATLAB 的界面

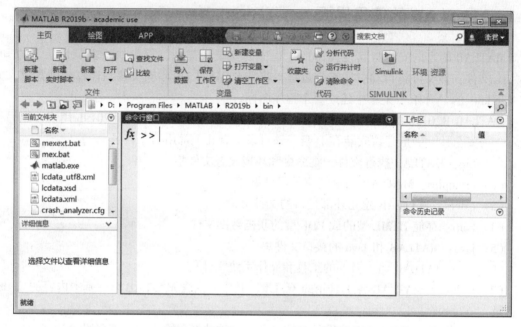

图 2-2　进入 MATLAB 时的工作界面

2.1.1　工具栏

与传统的工具栏形式不同，MATLAB 以选项卡的形式排列为数众多的工具菜单，以便分组显示各种常用的功能命令，所有的功能命令分类放置在 3 个选项卡中。

1. "主页"选项卡

如图 2-2 上半部的工具栏所示，"主页"选项卡显示了 6 类工具菜单，包括"文件""变量""代码""SIMULINK""环境""资源"类，各类中又有"新建""打开""查找""导入""保存""收藏""清除""布局""预设""帮助"等下拉菜单。

2. "绘图"选项卡

单击选中"绘图"选项卡可得到如图 2-3 所示的工具栏，显示关于图形绘制的各种编辑命令。

3. "APP"（应用程序）选项卡

单击选中"APP"选项卡可得到如图 2-4 所示的工具栏，显示调用多种应用程序命令。

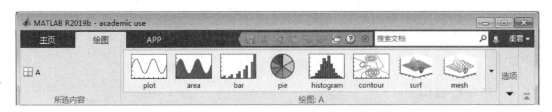

图 2-3　"绘图"选项卡

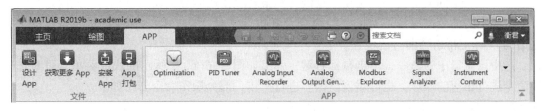

图 2-4　"APP"选项卡

2.1.2　路径栏

在图 2-5 所示的 MATLAB 的部分界面中，顶部是很窄的一条路径栏，显示的是通往当前的工作文件夹所经过的路径：D:\我的 MATLAB 程序\代数问题。

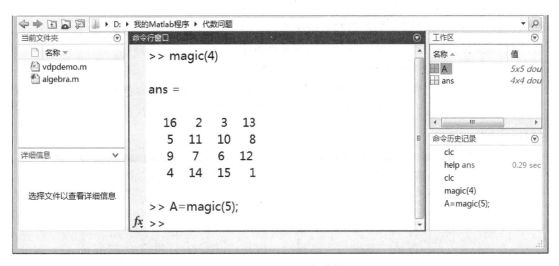

图 2-5　MATLAB 的部分界面

这个文件夹及其路径可以通过左端的 5 个快捷箭头或按钮更改或调整，也可以单击右端的放大镜按钮搜索用户所需的文件夹。当前文件夹是 MATLAB 系统工作时最先搜索的工作范围。

2.1.3　当前文件夹

"当前文件夹"窗口在 MATLAB 界面下半部的左栏，如图 2-5 所示，窗口中显示的是路径栏中所示路径指向的"当前文件夹"中所有的文件名，选中某个文件，通过双击鼠标左键可以打开该文件；选中某个文件，通过单击鼠标右键也可以快捷地显示与该文件有关的一些操作，如"运行""删除"等，该文件的详细说明信息在窗口的下半部分"详细信息"窗中显示。

2.1.4　命令行窗口

"命令行窗口"位于界面下半部正中，如图 2-5 中突出显示的部分。该窗口是运行命令和显示计算结果的文本窗口，是用户最经常和最直接使用的界面窗口，也是入门时首先要掌握的，图中的命令窗显示了 magic(4) 命令及其执行结果，>>是输入命令的提示符，提示符左边的 *fx* 标记指出当前行的位置。

选中该窗口中的命令，单击鼠标右键，弹出如图 2-6（a）所示的快捷菜单，可对选中的命令进行相应的操作，也可对窗口内容进行操作。部分操作命令介绍如下。

（1）执行所选内容：运行选中的命令或函数。

（2）打开所选内容：打开选中的命令或函数所在的文件。

（3）关于所选内容的帮助：弹出关于所选内容的相关帮助窗口。

（4）函数浏览器：弹出函数浏览器窗口，在该窗口可以查看函数的相关介绍。

（5）函数提示：当光标置于函数的引用括号内时，提示函数参数表。

（6）剪切：剪切选中的文本。

（7）复制：复制选中的文本。

（8）粘贴：粘贴已经复制到剪贴板的文本。

（9）全选：将显示在命令行窗口的文本全部选中。

（10）查找：在命令历史记录中查找相关文本。

（11）清空命令行窗口：清空命令行窗口中显示的所有执行过的命令。

如果不选中任何命令而单击右键，则弹出图 2-6（b）所示的快捷菜单，可对窗口内容进行操作。

（a）选中命令击右键 　　　　　　　　　　　（b）不选中命令击右键

图 2-6　命令行窗口

2.1.5　工作区

"工作区"窗口位于图 2-5 的右侧，显示的是当前内存中所有的 MATLAB 变量名、数据结构、字节数与类型，在命令行窗口或下一个运行的程序中可以直接使用这些在内存中活动的变量。图 2-5 的工作区窗口中有两个变量，一个变量 A，是 5×5 的双精度矩阵，另一个变量 ans，是 4×4 的双精度矩阵。在工作区窗口选中某个变量，通过双击鼠标左键可以打开该变量的数值窗口进行查看或编辑，如图 2-7 左侧显示的"变量 – A"窗口，该窗口当前停靠在命令行窗口的上方，可以用鼠标拖出成为非停靠的独立窗口，脱离停靠之后也可以单击窗口右上角的⚫️按钮再改回停靠状态。选中工作区的某个变量，并单击鼠标右键可以快捷地打开一个菜单，选用与该变量有关的一些操作，其中包括一些绘图命令，如"plot""histogram""surf""mesh"等，见图 2-7 右侧的工作区窗口和变量快捷菜单。

图 2-7　工作区窗口

2.1.6　命令历史记录

在图 2-5 的右下角可以看到停靠的"命令历史记录"窗口，其中记录了之前在命令行窗口中执行过的全部命令，单击键盘上的方向键 ↑ 可以逆序将执行过的命令复制到命令行提示符的右边，可省去重复输入的操作。单击命令历史记录窗口右上角的⚫️按钮，可弹出一个快捷操作菜单，选定其中的"取消停靠"，该窗口将会消失。此时如果单击方向键 ↑，不仅可以逆序复制执行过的命令，还可以弹出浮动的"命令历史记录"窗口，如图 2-8 所示。"命令历史记录"窗口用于记录所有执行过的命令或函数，在默认条件下，它会保存自MATLAB 安装以来所有运行过的命令或函数的历史记录，并记录运行时间，以方便查询。单击⚫️按钮弹出的快捷菜单中有"清除命令历史记录"项，须谨慎使用。

在"命令历史记录"窗口找到相关命令或函数，双击即可在命令行窗口中执行该命令或函数。

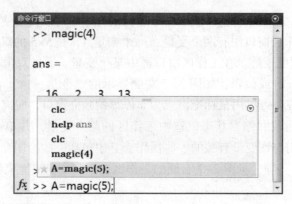

图 2-8　浮动的命令历史记录窗口

2.2　MATLAB 的基本命令

MATLAB 语言除包含后面章节中将详细介绍的基本函数之外，还提供了若干直接在命令行窗口中执行的命令，下面将分别对这些命令做简要介绍。注意：MATLAB 对大小写字母区别对待，因此 a 和 A 不表示同一个字母，Ab 和 ab 表示两个不同的变量。

2.2.1　MATLAB 命令编辑

可在命令行窗口中给出 MATLAB 的各种语法命令和函数调用指令，如果想要重新调用以前输入的指令，可以单击方向键↑，在弹出的命令历史记录窗口中查找；也可以只使用方向键↑，每按一次↑键就逆向回查一条命令，若想查询以前由某些字符开头的命令调用，则可在提示符下键入这些字母，再按↑键即可。↓键用于向后查命令。←和→键可以在一个命令行中向左或向右移动编辑插入点，将一条执行过的命令修改成一条新的命令。

2.2.2　工作区和工作路径管理命令

在 MATLAB 命令行窗口中通常用下面的命令来管理工作区中的变量和工作路径下的各个目录。

（1）clear：删除工作区中的变量。clear A B 表示删除 A 和 B 两个变量；若只给出 clear 命令，则将删除工作区内的所有变量。

（2）which：显示出某个 MATLAB 文件所在的目录，如 which magic 将给出 magic.m 文件所在的目录。

（3）workspace：如果工作区窗口被关闭了，该命令将打开工作区窗口。更直观的方法是在"主页"选项卡的"环境"类菜单中勾选"工作区"。

（4）path：显示 MATLAB 包含的所有工作路径。

2.2.3　显示格式设定

MATLAB 中用来控制显示数据、语句和程序清单的命令如下。

（1）format：用来控制数据显示格式。除了利用功能区"主页"选项卡中的"预设"命令来设定显示格式外，MATLAB 还可以在命令行窗口中用 format 来实现显示格式的设定，format 也可以作为语句写在 MATLAB 程序里，根据需要改变显示格式。各种格式的输出形式如表 2-1 所示。

（2）echo：用 echo on 和 echo off 来控制是否显示正在执行的 MATLAB 语句。

（3）type 和 more：用 type 可以一次性显示文件的全部数据，用 more on 和 more off 则可对其后的内容设置分页显示或者取消分页显示。

表 2-1　各种格式命令的输出形式

格式命令	含　义	举　例
format format short	通常表示小数点后 4 位有效数字	12.12 被显示为 12.1200
format short e	5 位数字的科学记数法表示	1.2120e+001
format short g	从 format short 和 format short e 中自动选择最佳记数方式（默认设置）	12.12
format long	双精度数表示小数点后 14 位有效数字 单精度数表示小数点后 7 位有效数字	12.12000000000000 12.1199999
format long e	16 位数字的科学记数法表示	1.212000000000000e+001
format long g	从 format long 和 format long e 中自动选择最佳记数方式	12.12
format hex	十六进制表示	40283d70a3d70a3d
format rat	近似有理数表示	303/25
format +	显示大矩阵用；正数、负数、零分别用+、−、空格表示	+
format compact	显示变量之间没有空行，使数据紧凑输出	
format loose	在显示变量之间有空行	
format bank	（金融）元、角、分表示（保留小数点后的两位）	12.12

2.2.4　窗口清屏命令

图形窗口可以用 clf 命令清屏。命令行窗口可以用 clc 命令来清屏。cla 可以清除当前坐标系下的内容。close 关闭所有的图形窗口。

类似的还有前面介绍过的 clear 命令，可以清除掉工作区间里的全部变量，或者用 clear <变量表列>有选择地清除某些变量。

清除命令历史记录窗口是一件颇具危险性的操作，虽然没有什么特定的命令，但是从 2.1.4 节的第（11）条和图 2-6（a）、图 2-6（b）可见，不小心的一个单击，就可以全部删除。如果说不小心清除了前面所说的那些窗口，总是可以从命令历史窗口中找到原来执行的命令，从而再次生成那些图形和数据，凭着 MATLAB 的高效运行，这不是很麻烦的事，但是如果丢失了命令历史记录，那就得伤脑筋去再次构想当初的命令和参数了。使用这条无形的清除命令要特别小心，免得丢失宝贵成果。

2.2.5　退出及保存工作环境

退出 MATLAB 也有 3 种方式：

（1）单击 MATLAB 界面右上角的关闭按钮 ⊠；

（2）在命令窗提示符>> 后，键入 quit 或 exit；

（3）执行 Ctrl+Q 快捷键。

退出 MATLAB 会使工作区中的全部变量丢失，若要保存此环境，可在退出前使用 save 命令，便可将工作区内的全部变量存入文件 matlab.mat 中，下次再进入 MATLAB 时，只要执行 load 命令便可以恢复上次保存的工作环境。在使用 save 和 load 时，可指定其文件名，也可指定保存工作环境中的一部分变量。比如用 save temp 命令可以把变量存入名为 temp.mat 的文件中，也可用命令 save temp x 仅把 x 变量存入 temp.mat 文件中，而命令 save temp x y z 可在 temp.mat 中存入 x、y 和 z。load temp 命令可恢复存在 temp.mat 文件之中的全部变量。save 和 load 命令是以 MATLAB 特有的格式保存工作环境的，若在命令行末加上开关 -ascii，则变量值用 ASCII 格式保存。

2.2.6　标点符号的含义

在 MATLAB 中经常要使用各种标点符号，其基本含义如表 2-2 所示。

表 2-2　MATLAB 常用标点符号的功能

名　称	标　点	作　用
逗号	,	水平分隔符，分句符
分号	;	垂直分隔符，分句符
冒号	:	参数分隔符，全体成员
句号	.	小数点，结构域，点运算
续行号	...	续行
引号	'	字符串界限
注释号	%	由它"首启"后的所有物理行部分被看作非执行的注释
方括号	[ ]	输入数组时用，函数指令输出变量列表时用

2.3　MATLAB 的源程序编辑/调试工具

MATLAB 的命令在命令行窗口中使用，其源程序可以由任何文本编辑程序来编写。如既可以用 Windows 的记事本等程序进行编辑，更可以用 MATLAB 的源程序编辑器来进行编写。该编辑器既可以通过 MATLAB 功能区"主页"选项卡中的"新建脚本"命令或"新建"命令启动，也可以在命令行窗口中键入 edit 命令来直接启动。MATLAB 的源程序编辑器如图 2-9 所示。

该界面除了允许编辑源程序之外，还允许源程序的跟踪调试（debug）。如若在调试程序时遇到错误的语句，则在 MATLAB 的命令行窗口中给出错误信息，并指出错误所在源程序的行号。跟踪调试的工作能力需要结合具体的程序语句和出错现象来逐步提高，本书以帮助读者入门为目标，加之笔者经验有限，故不做详述。

图 2-9　MATLAB 的源程序编辑器

2.4　MATLAB 的联机帮助系统

MATLAB 为其绝大部分命令、函数和语句要素提供了在线帮助信息，利用命令 help 或 doc 可得到相关帮助信息。若要得到关于某一特定函数或命令的帮助信息，可用 help 或 doc <函数名或命令名> 的命令语法。如用命令 help eig 可以在命令行窗口得到关于特征值函数 eig 的使用方法等简单帮助信息，如图 2-10 所示。如用命令 doc eig 则可以弹出 MATLAB 联机帮助系统窗口，并显示特征值函数 eig 的详细帮助信息和示例，如图 2-11 所示。

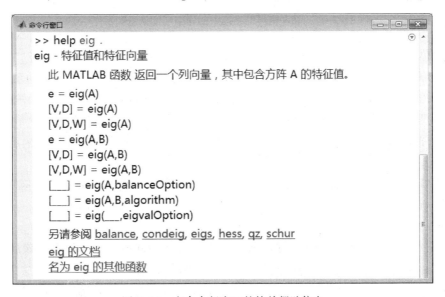

图 2-10　在命令行窗口的简单帮助信息

图 2-11　在联机帮助系统中的详细帮助信息和示例

　　通过 MATLAB 功能区"主页"选项卡"帮助"命令中的"文档"或"示例"选项，或者在命令行窗口的提示符后键入命令 helpwin，都可以进入 MATLAB 的联机帮助系统窗口，3 种方式进入的界面略有差别。图 2-12 是利用"主页"选项卡"帮助"命令中的"文档"选项进入的联机帮助系统窗口，该窗口有"所有""示例""函数""模块""App"5 个选项卡可供选择，并且用户可以通过右上角的"搜索"文本框输入想要查询的内容，然后执行搜索操作。

　　MATLAB 还提供了关键词查询命令 lookfor，该命令的语法为 lookfor <关键词>，如用 lookfor decomposition 可以查出与 decomposition 有关的 MATLAB 及工具箱函数，得出的结果如图 2-13 所示。

　　用 what 命令可以查询出指定目录下各类文件的性质，并进行分类显示。该命令的调用语法为 what <目录名>。如 what general 命令将分类显示所选择目录下所有的相关文件，该命令的执行结果如图 2-14 所示，该窗口的字体临时调换成了各个字符都等宽的宋体，以便排列整齐。

图 2-12　MATLAB 的联机帮助系统窗口

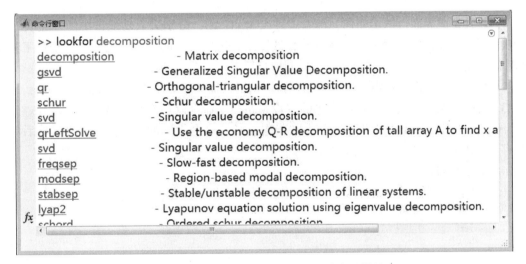

图 2-13　执行 lookfor decomposition 命令的结果

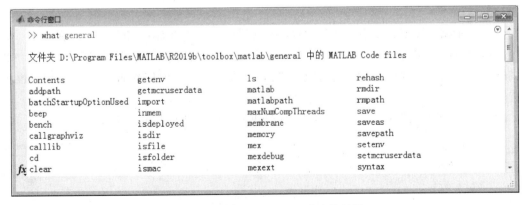

图 2-14　执行 what general 命令的结果

ver <工具箱名>将列出某个工具箱的版本信息，执行 ver control 的命令，其结果如图 2-15 所示，显示了控制系统工具箱的版本号 10.7，它是集成在 MATLAB 版本 R2019b 内的。

图 2-15　执行 ver control 命令的结果

2.5　上机实践

1. 熟悉集成界面：选定任何一种方式进入 MATLAB，分别进入功能区中的"主页"选项卡、"绘图"选项卡、"APP"选项卡，试使用各选项卡中的命令；把光标移动到工具栏中各个图标上（不要按下），查看它们的对应情况。

2. 找到当前工作路径窗口，并尝试通过左侧的快捷按钮更改或调整当前工作路径。

3. 利用功能区"主页"选项卡中的"设置路径"命令设置 MATLAB 的工作路径。

注意：利用功能区"主页"选项卡"设置路径"命令设置的工作路径，设置好后单击"保存"，则可实现永久有效的修改。

4. 熟悉 MATLAB 的基本命令。

（1）工作空间管理。试用以下各种工作空间管理命令，查看效果。

```
clear
which
quit
exit
workspace
```

（2）显示格式设定。试用以下各种显示格式设定命令，查看 pi 和 eps 的效果。

format long/short e/long e/short g/long g/hex/rat 用源程序编辑器编辑 B.2 中 2.5/4（2）提供的程序文件 coneball.m，在开头加入 echo on，在绘图语句前加入 echo off，执行该程序，查看效果。

（3）在命令窗中读取 B.2 中 2.5/4（3）提供的程序文件 wall.m，键入

```
more on
type wall.m
more off
type wall.m
```

（4）在命令行窗口键入 wall，运行 wall.m 程序，其意义是在已有的铁路动车车头外墙

面轮廓之内，按照一定厚度 h 画出内墙面的轮廓线，参考图 2-16，试读懂该程序。

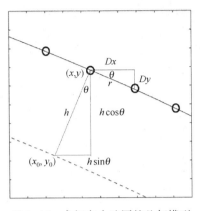

图 2-16　求解车头壁厚的几何模型

（5）窗口清理。先执行 B.2 中 2.2/4（5）中的程序文件 coneball2.m，生成图形窗口，再试用以下各种窗口清理命令，查看每项命令都清除了什么。

```
coneball2
clc
cla
clf
close
```

5. 熟悉 MATLAB 的联机帮助命令。执行以下命令，查看效果。

```
help
help .
helpwin
lookfor zoom
which zoom
help zoom
doc zoom
what
ver signal
```

6. 查找计算相位角（angle）的函数，求 5+16i 的相位角。查找关于排列组合的函数（permutations）。

7. 试在 MATLAB 的程序编辑窗口中输入中文（中文输入的方法同其他的文档）。

8. 行式编辑和页面编辑。

（1）在键入 magic(4)，执行后再用 ↑ 键将该行命令调出，在行内编辑，将其改为产生 6 阶幻方的命令。

（2）在键入 edit 打开源程序编辑器，然后再打开某个程序文件进行增、删、改、移动、剪贴等编辑操作，不要进行保存操作而损坏原来的文件，可进行换名保存。熟悉后，试将 coneball.m 文件中的圆锥半径和高进行改变，或把视角改变，然后存盘执行，观察图形的变化。当然先要试读源程序，判断哪个变量是半径或高。

9. 现打算用 MATLAB 进行图像处理（image processing），试说明：

（1）如何找到有关的函数名？

（2）如何找出该函数的用法？

（3）如何积累使用该函数的经验？

10. 在 MATLAB 环境下工作时，已建立了 x，y，z，A，B，C 等 6 个变量，此时若分别执行如下 4 种命令，其结果有何不同？

（1）save

（2）save B z

（3）save mymat

（4）save myfile A x z

第 3 章　MATLAB 语言程序设计基础

MATLAB 最显著的特色之一是其强大、方便的数值运算功能。在 MATLAB 中可以使用的数据类型有多种，如数值型中的双精度浮点数 double( )、无符号的 8 位整型数据类型 uint8( )、有符号的 8 位整数类型 int8( )和字符串型矩阵等，更高级的数据类型有多维数组、数据结构体、单元数据、类和对象、数据类型转换等，因此其编程功能更加强大。MATLAB 的数据类型见表 3-1。

表 3-1　MATLAB 的数据类型

表　示	说　明	表　示	说　明
char	字符串型	cell	单元结构
logical	逻辑类	struct	数据结构体
java	Java 类	function handle	函数句柄
numeric	数值型，又有双精度、单精度、整数类之分		

3.1　MATLAB 基本数据类型

3.1.1　变量、常量与赋值语句结构

1. 变量

MATLAB 语言的变量名规定为由一个字母引导，后面可以跟字母、数字、下划线等，对其长度没有限制，但能识别的有效长度在不同的 MATLAB 版本中规定不同，在 MATLAB R2019b 中，可识别的变量名有效长度是 63 个字符。变量名的第 1 个字符必须是英文字母，变量名中不得包含空格或标点符号（下划线 "_" 除外）。前面已提到过，MATLAB 对大小写字母区别对待，因此 a 和 A 不表示同一个字母，Ab 和 ab 不表示同一个变量。

若想判定一个变量 A 是否为某一类型，则可以用 isa( )函数来完成，其语法为 k = isa(A,x)，其中 x 为字符串型的数据类型名。例如想判断 A 是否为 8 位整型，则可给出命令 k = isa(A, 'int8')，这样若 A 为 8 位整型变量，则 k 返回逻辑值 1，否则为逻辑值 0。

2. 常量

在 MATLAB 中经常使用的常量有以下几种。

（1）pi：圆周率 π 的双精度浮点表示。

（2）Inf：无穷大 +∞，也可以写成 inf。同样 -∞ 可以表示为 -Inf。在 MATLAB R2019b 环境下执行除法时，零做除数并不引起错误或结束执行，而是产生特殊值 Inf 作为结果，其正负 Inf 由被除数和除数的正负决定。

（3）NaN：不定式，代表 "非数值量"，通常由 0/0 或 Inf/Inf 运算得出。NaN 与 Inf 的乘积仍为 NaN。

（4）eps：用来确定秩和近似奇异的允差，对大多数 PC 机和工作站来说，eps＝2^{-52}，这大约是 2.2204×10^{-16}。若某量的绝对值小于 eps，则可以认为这个量为零。

（5）i 和 j：若 i 和 j 不被定义，则它们表示纯虚数量 i。若 i 和 j 需要用作变量名并被重新赋值，则可以再另造一个虚单位变量，比如用 ii＝sqrt（－1），则可以用 z＝3＋4 * ii 输入复数，但输出仍为 z＝3＋4i。

（6）lastwarn：存放最新的警告信息。若未出现过警告，则此变量为空字符串。

（7）error：判别错误，并能够设置显示错误信息。

3. 赋值语句结构

MATLAB 有两种结构的赋值语句。

（1）直接赋值语句。其基本结构为：

　　　　<变量名>＝<表达式>

该语句的作用是把等号右边表达式的值赋给左边的变量，并返回到 MATLAB 的工作空间。若赋值表达式后面有分号，则抑制运算结果在 MATLAB 命令行窗口中显示。如果在语句中省略了变量名和等号，只写一个表达式，则 MATLAB 将自动产生一个名为 ans 的系统保留变量，将表达式的运算结果赋给它。因此，保留变量 ans 将永远存放最近一次无变量赋值语句的运算结果。

如果表达式非常复杂，一行语句写不完，可用续行号"…"加回车符表示下一行是本语句的续行。

例如语句：

```
>> s = 1-1/2+1/3-1/4+1/5-1/6+1/7...
       -1/8+1/9-1/10+1/11-1/12;
```

将求数列前 12 项的和，并把数值赋给变量 s，但是什么也不显示，因为语句的最后是分号。等号和正负号两旁的空格符号可有可无，用在这里只是为了改善可读性。

（2）函数调用语句。其基本结构为：

　　　　[返回变量列表]＝函数名（输入变量列表）

对其中函数名的要求和对变量名的要求一致，一般函数名应该对应 MATLAB 路径下的一个同名.m 文件，本书称它为 M 文件。但是 MATLAB 也允许一个函数名不对应于一个文件，并允许它成为当前函数脚本文件中的一个子函数。有些函数名对应于 MATLAB 内核中的内在（built-in）函数，如 inv（）函数等，内部函数是在 MATLAB 执行文件中以机器码形式提供的。而 MATLAB 的外部函数则是以 M 文件集的形式提供的，这些外部函数均是以 ASCII 码编写的文本文件，用户可用任何文本编辑器阅读和编辑，也可以将自编函数加入函数集。MATLAB 函数的名称和功能可参见附录 A，各个函数的用法都可从在线帮助信息中找到。

返回变量列表和输入变量列表均可以由若干个变量名组成，各变量之间用逗号分隔。如 [V,D]＝eig（A），表示求出 A 矩阵的特征向量放在 V 中，而特征根放在 D 中。

MATLAB 函数还可以多重嵌套调用，比如语句 x＝sqrt（log（z））表示了两个简单函数的嵌入调用，而语句 theta＝atan2（y,x）表示 $\arctan\dfrac{y}{x}$，这里 x 和 y 也可以是表达式。

3.1.2　矩阵的 MATLAB 表示

MATLAB 的实质就是对矩阵进行运算处理，矩阵的元素可以是实数或复数。标量是作为 1×1 的矩阵特殊处理的，当矩阵只有 1 行或者 1 列时，就成了向量。对于从未使用过 MATLAB 的用户，不妨从如何向 MATLAB 输入矩阵开始入手，逐步掌握它的丰富功能，达到运用自如的目的。

1. 简单矩阵

在 MATLAB 中输入矩阵是一件很容易的事，例如，为了得到矩阵

$$A = \begin{bmatrix} 1 & 2 & 3 \\ 4 & 5 & 6 \\ 7 & 8 & 9 \end{bmatrix}$$

可以在 MATLAB 的命令行窗口中输入命令：

```
>> A = [1,2,3;4,5,6;7,8,9]
```

则命令行窗口中显示：

```
A =
    1    2    3
    4    5    6
    7    8    9
```

所输命令的方括号内的数据就是矩阵的元素，每行内的各元素间用空格或逗号隔开，各行之间用分号隔开。执行了上面的命令，就在 MATLAB 的工作空间中建立了一个 A 矩阵。

大矩阵可用多行语句输入，用回车符代替分号来区分矩阵的行。为节省篇幅，仅用下面的小矩阵例子来说明这一方法。在命令行窗口中输入：

```
>> A = [1 2 3
        4 5 6
        7 8 9]
```

则相应也显示：

```
A =
    1    2    3
    4    5    6
    7    8    9
```

若想在 MATLAB 工作空间内建立行向量和列向量，则可分别输入下面两条命令：

```
>> A1 = [1 2 3 4 5]
>> B1 = [1;2;3;4;5]
```

则命令行窗口分别显示：

```
A1 =
    1    2    3    4    5
```

```
    B1 =
        1
        2
        3
        4
        5
```

学会了矩阵的基本表示方法之后，就可以很容易地理解下面的赋值表达式，如命令

```
>> A = [A;[1 3 5]]
```

将在命令行窗口中显示：

```
    A =
        1    2    3
        4    5    6
        7    8    9
        1    3    5
```

表示在原来 **A** 矩阵的下面再加上一个行向量[1　3　5]。这实际上体现了 MATLAB 语言的一个显著特点，即 MATLAB 语言不需要维数定义语句或类型定义语句，存储方式是自动安排的。

注意：所附加的向量的元素个数应与原矩阵的元素个数相匹配，否则将会出现错误信息。如命令

```
>> A = [A;[1 3]]
```

将在命令行窗口中显示：

```
    错误使用 vertcat
    要串联的数组的维度不一致。
```

提示各行的元素个数不匹配。

MATLAB 矩阵的元素不仅可以是数值（包括 Inf、NaN 这样的特殊常数），而且可以是任何的 MATLAB 表达式，例如：

```
>> x = [-1.3,sqrt(3),(1+2+3)*4/5]
```

将得到：

```
    x =
        -1.3000  1.7321  4.8000
```

单个的矩阵元素可以用下标变量的形式来引用。下标除常数外还可以是表达式或向量。对表达式下标，是将其求值并舍入取整。借用上面的例子，再执行

```
>> x(5)=abs(x(1))
```

则会产生：

```
    x =
        -1.3000    1.7321    4.8000    0  1.3000
```

请注意：x 的行列数自动增加，以容纳新赋值的元素，并且新增的未赋值元素被自动置零。

从上面可知，大矩阵可由小矩阵拼装而成。反之，小矩阵也可以从大矩阵中提取出来，如 A＝A(1:3,:)；就把当前 **A** 矩阵中的前 3 行的所有元素提出来，再赋值给原来的 **A** 矩阵。执行结果为：

```
A =
    1    2    3
    4    5    6
    7    8    9
```

命令 A([1 3],[1 2])表示取出 **A** 矩阵中的第 1、3 行中的第 1、2 列的元素，结果为：

```
ans =
    1    2
    7    8
```

在上面的一些命令中，我们使用了冒号。冒号是 MATLAB 中的一个重要的字符，其基本使用语法为：a＝s_1:s_2:s_3，其中 s_1 为起始值，s_2 为步距，s_3 为终止值。若 s_2 的值为负值，则要求 s_1 的值大于 s_3 的值，否则结果为一个空向量 a。若 s_2 的值不写，则取默认值 1。如前面的 A1＝[1 2 3 4 5]命令可用 A1＝1:5 代替。

由命令 y＝0:pi/4:pi 可得到一个行向量：

```
y =
    0  0.7854  1.5708  2.3562  3.1416
```

若在提取子矩阵时，只写冒号，则表示取所有的行或列。例如，**A** 矩阵的第 1 列和第 3 列构成的子矩阵可由下面的命令得到：

```
>> A(:,[1,3])
ans =
    1    3
    4    6
    7    9
```

若给出命令

```
>> A(:)
```

则得到的结果为：

```
ans =
    1
    4
    7
    2
    5
    8
```

```
3
6
9
```

注意：上面用到的冒号必须是英文字符集里面的冒号。如果使用中文字符集里面的冒号，将导致 MATLAB 操作错误！对于命令中使用的小括号、逗号、分号等也是如此。

建立向量的函数还有 linspace 和 logspace。linspace 不指定元素之间的增量，而是指定等间隔分布的元素个数，logspace 按对数值等间隔分布。比如

```
k = linspace(-pi,pi,5) 和
k = logspace(-1,2,5)
```

将各自产生一个 5 元素的向量。

```
>> k=linspace(-pi,pi,5)
k =
    -3.1416  -1.5708    0  1.5708  3.1416
```

即$-\pi$，-0.5π，0，0.5π，π，3 个输入参数是起始值、终值、元素个数，增量为

$$(终值-初始值)/(元素个数-1)。$$

```
>> k=logspace(-1,2,5)
k =
    0.1000    0.5623    3.1623   17.7828  100.0000
```

即10^{-1}，$10^{-0.25}$，$10^{0.5}$，$10^{1.25}$，10^{2}，指数增量为(终值-初始值)/(元素个数-1)。

使用 MATLAB 提供的重新定维函数 reshape()，可以用来对矩阵进行重新定维。但一定注意重新定维后矩阵的总元素数应该保持不变，否则将给出错误信息：

```
>> reshape(ans,4,2)
错误使用 reshape
要执行 RESHAPE,请勿更改元素数目。
```

end 算符在矩阵的应用中也是很重要的，它表示某一维的末尾元素下标。例如下面的语句表示提取 **A** 矩阵的第 2 行到最后一行中第 1，3 列构成的子矩阵。

```
>> A(2:end,[1 3])
ans =
    4    6
    7    9
```

2. 复数矩阵

有两种简便方法可以用来输入复数矩阵，即用语句

```
>> B = [1 2; 3 4]+1i * [5 6; 7 8]
```

或

```
>> B = [1+5i 2+6i; 3+7i 4+8i]
```

得到的结果是一样的。

注意：

（1）在每个矩阵元素的内部不能留空格，否则会将其两个部分误作为矩阵中的两元素看待，从而出现错误。

（2）数字和 i 或 j 之间也不能留空格。

（3）值 1i 中的 1 一般也是不可省略的，因为尽管 i 变量通常表示虚单位，但是它可能被用户事先改写过，其值不再是虚单位，而 1i 是常数而不是变量，其值不可被改变。

3. 空矩阵

x=[ ]把一个 0×0 的矩阵赋给 x，之后引用 x 时不产生无定义的错误，只是转赋一个空矩阵，而 clear x 命令则把 x 从变量表中清除掉。函数 exist( ) 可用来测试某变量或文件是否存在，而函数 isempty( ) 用来测试变量是否为空。若 n 小于 1，则用 x=1:n 也可生成空行向量，如 x=1:-2。类似地，也可用 A(:,[2 3])=[ ] 来删除 **A** 矩阵中的第 2 列和第 3 列。

4. 特殊矩阵

MATLAB 用一组函数来生成线性代数和信号处理中用到的特殊矩阵，这些函数如表 3-2 所示。

表 3-2　生成矩阵的函数

compan	伴随矩阵	hilb	希尔伯特矩阵
diag	对角矩阵（列向量）	invhilb	希尔伯特逆矩阵
gallery	一组有名的矩阵（难解特征根）	magic	幻方矩阵
		pascal	帕斯卡三角矩阵（杨辉三角形）
hadamard	哈达玛矩阵	toeplitz	托普利兹方阵
hankel	汉考矩阵	vander	万达摩方阵

要生成与多项式 x^3-7x+6 对应的伴随矩阵 **a**，可以做 p=[1 0 -7 6]；a=compan(p)，而 **a** 的特征值 eig(a) 即是该多项式等于零的方程的根。

另有一些看来简单却十分有用的函数，称为工具矩阵，如表 3-3 所示。

表 3-3　工具矩阵

zeros	全零阵	linspace	线性等距向量
ones	全 1 阵	logspace	按对数值等分的向量
rand	随机数元素矩阵	meshgrid	设三维绘图基底坐标平面
eye	单位矩阵		

下面通过实例来看这些工具矩阵的用法。先生成一个 4 行 3 列的随机数矩阵 **A**，然后按 **A** 的行列数生成单位矩阵 **B** 和全 1 矩阵 **C**，最后构造 5×5 元素全零矩阵 **D**。由此看出，若只用 1 个数表示矩阵的行列数，则产生方阵。

```
>> A=rand(4,3), B=eye(size(A))
A =
    0.9572    0.4218    0.6557
    0.4854    0.9157    0.0357
    0.8003    0.7922    0.8491
```

```
     0.1419    0.9595    0.9340
B =
     1    0    0
     0    1    0
     0    0    1
     0    0    0
>> C=ones(size(A)),D=zeros(5)
C =
     1    1    1
     1    1    1
     1    1    1
     1    1    1
D =
     0    0    0    0    0
     0    0    0    0    0
     0    0    0    0    0
     0    0    0    0    0
     0    0    0    0    0
```

数学中用 **I** 表示单位矩阵,而 MATLAB 用同音字 eye,以便与常作下标和虚单位的 i 和 I 相区别。

3.1.3　构造多维数组

MATLAB 中构造多维数组的函数是 cat( ),该函数的语法为 A = cat(n, A_1, A_2, …),其中,n 为构造多维数组时延展的维度。n 为 1 时按[A1;A2;…]构造 **A**,延展数组的行数,如图 3-1(a)所示;n 为 2 时按[A1,A2,…]构造 **A**,延展数组的列数,如图 3-1(b)所示;n 为 3 时沿数组的深度方向增加层数,构造的三维数组如图 3-1(c)所示。

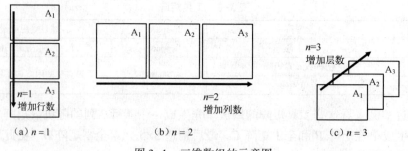

图 3-1　三维数组的示意图

执行如下:

```
>> A1 = [1, 2, 3; 4, 5, 6; 7, 8, 9];
>> A2 = A1'; A3 = A1-A2;
```

若执行下面的命令,则结果如下:

```
>> cat(1,A1,A2,A3)
ans =
     1     2     3
     4     5     6
     7     8     9
     1     4     7
     2     5     8
     3     6     9
     0    -2    -4
     2     0    -2
     4     2     0
```

若执行命令：

```
>> cat(2,A1,A2,A3)
ans =
     1     2     3     1     4     7     0    -2    -4
     4     5     6     2     5     8     2     0    -2
     7     8     9     3     6     9     4     2     0
```

若 n 为 3，则分层表示构建的三维数组：

```
>> cat(3,A1,A2,A3)
ans(:,:,1) =
     1     2     3
     4     5     6
     7     8     9
ans(:,:,2) =
     1     4     7
     2     5     8
     3     6     9
ans(:,:,3) =
     0    -2    -4
     2     0    -2
     4     2     0
```

在 MATLAB 中，有两个不言自明的函数 length( ) 和 size( )，使用频度极高。其中 length( ) 函数可测得矩阵或多维数组各维的最大值，而 size( ) 测得的是矩阵或多维数组的尺寸大小。它们之间的关系是 length( ) 等于 max(size( ))。请观察下面的执行结果：

```
>> size(A1)
ans =
     3     3
>> size(ans)
ans =
     1     2
```

```
>> length(ans)
ans =
    2
```

3.1.4　字符串变量及其处理

向 MATLAB 输入的字符串要用单引号对括起来。注意，该"单引号对"也必须在英文状态下输入，对于中文字符串也是如此。如 s='Hello'可得：

```
s =
    Hello
```

字符串存在向量 s 中，每个字符占一个元素的位置，用 size(s) 可知 s 是 1×5 的行向量，用 abs(s) 或 double(s) 可以看到 Hello 在 s 中是以 ASCII 码形式存储的。其实 v=[72 101 108 108 111]和 s= 'Hello' 的存储内容是完全一样的，只不过为 s 向量设置了一个字符串标志，使 MATLAB 以字符串形式显示它。用 s = abs(s) 可把 s 中的字符串标志取消，而用 v= setstr(v) 则可将 v 向量转换为字符串，使得它显示成 Hello。

解释了这一标志的作用后，便不难理解 s =[s ' ' 'world']为什么产生：

```
s =
    'hello world'
```

而 s =[s; 'world']就会产生：

```
s =
    2×5 char 数组
    'Hello'
    'world'
```

注意：上面命令中，分号两侧的字符串的长度应该相等，否则会出现错误信息。MATLAB 提供的常用字符串处理函数如表 3-4 所示。

表 3-4　字符串处理函数

函　　数	功　　能	函　　数	功　　能
abs	将字符串转换成 ASCII 码	sprintf	写字符串
setstr	将 ASCII 码转换为字符串	eval	将字符串作为命令或语句实现
disp	显示字符串型变量的内容	strrep	字符串替换
isstr	探测变量是否为字符串型	int2str	将整数转换成字符串
strcmp	字符串变量比较	mat2str	将矩阵变换成字符串
findstr	字符串查找	num2str	将数按自动格式转换成字符串
deblank	删除字符串尾部的空格	hex2num	将十六进制数的字符串转换成数

3.2　MATLAB 语言的基本运算与输入输出

矩阵运算是 MATLAB 的基础，除了受计算机字符集的限制之外，在一切可能的地方，矩阵形式都与论文、教材上的表示方法相同。

3.2.1　矩阵的代数运算

1. 矩阵转置

矩阵转置用撇号"'"表示。试做下面的例子来练习。

```
>> A=[1 2 3;4 5 6;7 8 0], B=A'
   A =
       1    2    3
       4    5    6
       7    8    0
   B =
       1    4    7
       2    5    8
       3    6    0
>> x=[-1 0 2]'
   x =
      -1
       0
       2
```

撇号"'"表示正规的转置,对复数矩阵 Z, Z' 表示其共轭复数的转置矩阵。如果不加注意,这一特点会导致意想不到的后果。欲求该矩阵原始元素的转置矩阵,可用 Z.'或 conj(Z')或 transpose(Z)来实现。conj()是求取共轭复数的函数。

2. 矩阵加减法

矩阵加减用"+"和"−"号表示。相加减的两个矩阵应具有相同的行和列,以便各元素对应相加减。在矩阵与标量相加减时,矩阵的各元素都将与该标量进行运算。

```
>> A=[1,2;3,4]; B=A+2
   B =
       3    4
       5    6
```

3. 矩阵乘法

矩阵是由一组整齐排列的单个数组成的阵列,又称为数组。之前在本书中"矩阵(matrix)"和"数组"(array)两词是混用的,没有涉及它们之间的差别。当进行乘法、乘方运算时,数组和矩阵之间就有了巨大的差别。

矩阵乘法(外积)用"*"号表示。计算 $C = A*B$ 时要求 A 的列数等于 B 的行数,结果 C 的行数等于 A 的行数,列数等于 B 的列数。对于前面例子中的 A 和 B,试做 C=A*B,并观察结果。矩阵与标量的乘法规则与加减法相同。试做 pi*A。

```
>> A*B
   ans =
      13   16
      29   36
```

```
>> pi * A
ans =
    3.1416    6.2832
    9.4248   12.5664
```

4. 矩阵除法

MATLAB 中有两种矩阵除法符号 "\" 和 "/"，分别称为左除和右除。当 A 为非奇异矩阵时，A\B 和 B/A 分别表示 B 被 A 的逆矩阵左乘和右乘，即 inv(A) * B 和 B * inv(A)，只不过 MATLAB 并不求逆，而直接算出结果。一般来说，X = A\B 是方程 A * X = B 的解，而 X = B/A 是方程 X * A = B 的解。

5. 矩阵乘方

当 A 为方阵，而 p 为标量时，A^p 表示 A 的 p 次乘方。当 p 是大于 1 的整数时，乘方以重复自乘实现，若 p 为其他值，则用特征根和特征向量来计算。设 V 和 D 分别是 A 的特征根和特征向量，则 A^p 等于 V *D. ^p/V。

若 P 是方阵而 a 是标量，则 a^P 表示用特征根和特征向量计算的乘方。当 X 和 P 均为矩阵时，X^P 产生错误。

```
>> A = [1,2;3,4];A^2
ans =
     7    10
    15    22
>> A^0.1
ans =
    0.9384 + 0.2131i    0.1119 - 0.0975i
    0.1679 - 0.1462i    1.1063 + 0.0669i
```

6. 点运算

绝大多数点运算是大小相等的数组之间各元素一一对应的运算，是它们对应元素的直接运算。如 C = A.*B 表示 A 和 B 矩阵的相应元素之间直接进行乘法运算（点乘或数组乘），然后将结果赋给 C 数组相应位置上的元素，与矩阵乘法完全不同。

```
>> A = [1,2;3,4]; B = [5,6;7,8]; A * B
ans =
    19    22
    43    50
>> A. * B
ans =
     5    12
    21    32
```

点运算还包括点左除或数组左除 (.\)、点右除或数组右除 (./) 和点乘方或数组乘方 (.^)。该运算在 MATLAB 中起着很重要的作用，如当 x 是一个向量时，求其各元素的 5 次方时，不能直接写成 x^5，而必须写成 x.^5。特别注意，点运算要求两个矩阵或向量的维数相同。

前面见到的 transpose( )（即 .'）运算是点运算的一个特例。

7. 矩阵的翻转

MATLAB 提供了一些矩阵翻转处理的特殊命令，如 rot90(A) 表示将矩阵 **A** 逆时针旋转 90°，flipud(A) 表示将 **A** 矩阵上下翻转，fliplr(A) 表示将 **A** 矩阵左右翻转等。

```
>> A=[1,2;3,4]; rot90(A)
ans =
     2     4
     1     3
>> flipud(A)
ans =
     3     4
     1     2
>> fliplr(A)
ans =
2     1
4     3
```

3.2.2　矩阵的逻辑运算

矩阵的逻辑运算实质是数组的逻辑运算。MATLAB 中有 6 种逻辑运算，即逻辑与（and 或 &）、逻辑或（or 或 |）、逻辑非（not 或 ~）、逻辑异或（xor）、先决逻辑与（&&）和先决逻辑或（||）。它们通常先把参加逻辑运算的数组的各个元素按"非 0 即 1"进行逻辑运算，即一切非 0 值都按 1 对待，然后再对位置相同的数组元素进行相应的逻辑运算。参与逻辑与、逻辑或和逻辑异或操作的数组的维数应该相同，或者其中之一为标量。如果 **A** 和 **B** 是二值矩阵，那么 A&B 是另一个二值矩阵，由 **A** 和 **B** 中相应元素做逻辑"与"产生。逻辑运算符把一切非 0 值看作"真"，返回的值以 1 代表"真"，0 代表"假"。"非"运算只有一个操作数，当 a 非 0 时，~a 返回 0，而 a 为 0 值时，~a 返回 1。注意，逻辑非运算的优先级高于其他的逻辑运算。这样，P|(~P) 与 P|~P 结果相同，返回全 1 矩阵，而 P&(~P) 与 P&~P 结果相同，返回全 0 矩阵。

先决逻辑与的含义是：操作时，先观察运算符左边的被运算量是否为"假"；若是"假"，则不再观察运算符右边的被运算量，立即给出运算结果为"假"。只有当左边的被运算量为"真"时，才对右边的被运算量进行观察，并执行"与"逻辑运算。

先决逻辑或的含义是：操作时，先观察运算符左边的被运算量是否为"真"；若是"真"，则不再观察运算符右边的被运算量，立即给出运算结果为"真"。只有当左边的被运算量为"假"时，才对右边的被运算量进行观察，并执行"或"逻辑运算。

注意，只有当被运算量是标量时，先决逻辑操作才有意义。

```
>> A=[1,2;3,4]; B=[0,6;0,8]; A|B
ans =
  2×2 logical 数组
     1     1
```

```
          1     1
>> A&B
ans =
    2×2 logical 数组
     0     1
     0     1
>> xor(A,B)
ans =
    2×2 logical 数组
     1     0
     1     0
>> a = -5;b = 10;(b~=0)&&(a/b>5)
ans =
    logical
     0
>> (b==0)||(a/b>0)
ans =
    logical
     0
>>~a
ans =
    logical
     0
```

3.2.3　矩阵的比较关系

行列数对应相等的矩阵（数组）间可有 6 种关系运算，如表 3-5 所示。

表 3-5　关系运算符

关系运算符	意　义	关系运算符	意　义
<	小　于	>=	不小于
<=	不大于	==	等　于
>	大　于	~=	不等于

关系运算在对应元素间进行，结果是一个二值矩阵（数组），其中 0 代表"假"，1 代表"真"。比如 2+2 ~= 4 的结果是零，表示"假"。

关系运算可用来表示矩阵满足某种条件的结果，以一个 6 阶幻方矩阵为例来说明。试做 A=magic(6) 并仔细观察 A 中的数值，可发现自右上角起每隔 2 条斜线便有一条斜线上的所有元素能被 3 整除。为了显示这一妙处，可以试做

```
>> P = rem(A,3)==0
```

这里 rem(A,3) 是把 A 对 3 求余数，== 表示"试看是否相等"，结果 P 与 A 维数大小相同，但只存放 0 和 1。再试做

```
>> format +, P
```

这里 format + 设定用 "+" 号、空格和 "−" 号分别表示大于、等于和小于零的矩阵元素。

```
>> A=magic(6)
A =
    35     1     6    26    19    24
     3    32     7    21    23    25
    31     9     2    22    27    20
     8    28    33    17    10    15
    30     5    34    12    14    16
     4    36    29    13    18    11
>> P=rem(A,3)==0
P =
  6×6 logical 数组
     0     0     1     0     0     1
     1     0     0     1     0     0
     0     1     0     0     1     0
     0     0     1     0     0     1
     1     0     0     1     0     0
     0     1     0     0     1     0
>> format +,P
P =
  6×6 logical 数组
           +           +
     +     +
        +        +
           +           +
     +     +
        +        +
```

在比较运算中，函数 find 也十分有用，试做

```
>> format, y=[4 2 1 5 3 0 6], i=find(y>3.0)
```

将把 y 向量中大于 3.0 的元素的序号放在向量 i 中。

```
y =
     4     2     1     5     3     0     6
i =
     1     4     7
```

按照 IEEE 算法规定，任何与 NaN 运算的结果均为 NaN。然而确有需要测试 NaN 的场合，因此提供了一个 isnan(x) 函数，它对于 x 中的 NaN 元素返回 1，非 NaN 值返回 0。函数 finite(x) 也十分有用，它对于 $-\infty < x < \infty$ 返回 1。

函数 any 和 all 与关系运算符一起使用时极为有用。如果 x 是一个向量，而且其中至少

有一个元素非零，则 any(x) 返回 1，否则返回零。只有当 x 的所有元素均非零时，all(x) 才返回 1。这两个函数与条件语句联用十分有效。如假设 A 是一个 3×3 的随机矩阵，若 A 中所有元素均小于 0.5，则将 A 的所有元素都做加 2 处理，该过程可用如下语句实现。

```
A=rand(3);
if all(A<0.5)
    A=A+2;
end
A
```

执行结果为：

```
A =
    0.9501    0.4860    0.4565
    0.2311    0.8913    0.0185
    0.6068    0.7621    0.8214
```

由于 A 中不是所有的元素都小于 0.5，所以 A 的值不做加 2 处理。

对于矩阵（数组）运算，any 和 all 都按列工作，把各列结果返回到一个行向量中。将函数调用两次，比如 any(any(A))，则能得到一个标量。

```
>> A=magic(6), any(A)
A =
    35     1     6    26    19    24
     3    32     7    21    23    25
    31     9     2    22    27    20
     8    28    33    17    10    15
    30     5    34    12    14    16
     4    36    29    13    18    11
ans =
1×6 logical 数组
     1     1     1     1     1     1
>> any(any(A))
ans =
logical
     1
```

关系运算和逻辑运算函数列于表 3-6 中。

表 3-6　关系运算和逻辑运算函数

函　数	意　义	函　数	意　义
any	逻辑条件任何一个	isfinite	探测无穷大
all	逻辑条件全部	isempty	探测"空"
find	寻找逻辑值的向量元素下标	isstr	探测字符串变量
exist	检查某变量是否存在	strcmp	比较字符串变量
isnan	检查非数值量		

3.2.4　矩阵元素的数据变换

对于由小数构成的矩阵 A，若想对它取整数，则有如下几种方法：

（1）floor(A)将 A 中元素向 $-\infty$ 方向取整，即取不足整数；

（2）ceil(A)将 A 中元素向 $+\infty$ 方向取整，即取过剩整数；

（3）round(A)将 A 中元素向最近的整数取整，即四舍五入；

（4）fix(A)将 A 中元素向原点方向取整。

此外，MATLAB 还提供了一系列的函数，逐个处理矩阵元素，分类列于表 3-7、表 3-8 和表 3-9 中。比如：

```
>> A=[1 2 3;4 5 6],B=fix(pi*A),C=cos(pi*B)
A =
     1     2     3
     4     5     6
B =
     3     6     9
    12    15    18
C =
    -1     1    -1
     1    -1     1
```

表 3-7　基本数学函数

函　数	意　义	函　数	意　义
abs	绝对值或复数的模	floor	向负方向取整
angle	相位角	ceil	向正方向取整
sqrt	平方根	sign	符号函数
real	实部	rem	求余函数
imag	虚部	exp	指数函数
conj	共轭复数	log	自然对数
round	四舍五入取整	log10	常用对数
fix	截尾取整		

表 3-8　三角函数

函　数	意　义	函　数	意　义
sin	正弦（角用弧度表示）	asind	反正弦（角用角度表示）
cos	余弦（角用弧度表示）	acosd	反余弦（角用角度表示）
tan	正切（角用弧度表示）	atand	反正切（角用角度表示）
sind	正弦（角用角度表示）	atan2d	四象限反正切（角用角度表示）
cosd	余弦（角用角度表示）	sinh	双曲正弦
tand	正切（角用角度表示）	cosh	双曲余弦
asin	反正弦（角用弧度表示）	tanh	双曲正切
acos	反余弦（角用弧度表示）	asinh	反双曲正弦
atan	反正切（角用弧度表示）	acosh	反双曲余弦
atan2	四象限反正切（角用弧度表示）	atanh	反双曲正切

表 3-9 特殊函数

函　数	意　义	函　数	意　义
besselj	第一类贝塞尔函数	gamma	γ函数
besseli	第一类修正贝塞尔函数	rat	有理分式逼近
bessely	第二类贝塞尔函数	erf	误差函数
besselk	第二类修正贝塞尔函数	ellipk	第一类完全的椭圆积分
besselh	第三类贝塞尔函数	ellipj	雅可比椭圆函数

3.2.5 输入与输出语句

输入函数 input 可从用户键盘上取得输入信息，其语法为 A = input(提示字符串)，或 A = input(提示字符串,'s')。前一种方式要求用户输入矩阵，后一种方式要求输入一个字符串。如

```
>> n = input('How many apples')
```

先显示单引号中的字符串，向用户提示，再把用户键入的数字或表达式赋给 n。input 的用途之一是建立输入提示，如下的语句提示用户输入苹果数目，用户在看到提示后输入 30。

```
>> n = input('How many apples are there? \n Please input:');
>> display(['There are ',num2str(n),' apples.'])
How many apples are there?
Please input:30   (注:这里的"30"是用户输入的,不是系统显示的.)
There are 30 apples.
```

输出 MATLAB 计算结果的最直接方法就是赋值语句后面不加分号，这样该赋值语句的结果将全部显示出来。这里的函数 disp( )用于显示计算结果。该语句的结果和直接赋值语句显示的结果不同：首先，它不显示变量名；其次，该显示没有那么多无用的空行，字符串也可以由该函数直接显示。字符串里的\n 表示换行，后斜杠\表示后面的字符用来构成特殊字符，这里的\n 代表换行符 newline。

3.3 MATLAB 语言的程序流程语句

和其他高级程序语言一样，MATLAB 也有流程控制语句。其语句结构主要有循环语句、条件转移语句、开关语句和试探语句，下面主要介绍前面 3 种。

3.3.1 循环语句

MATLAB 的循环结构有两种：for…end 结构和 while…end 结构。

1. for 循环语句

与 FORTRAN 语言中的 DO 语句和 C 语言中的 for 语句相同，MATLAB 中 for 语句可以使由一条语句或多条语句构成的循环体语句集按预定次数循环执行。for 循环的标准结构为

```
for <控制变量> = <表达式>
    <循环体语句集>
end
```

这里的表达式和 MATLAB 的其他变量一样，实际上是一个矩阵，这个矩阵的列被依次赋给控制变量，每赋一个新值，便执行一次循环体。通常这个表达式的形式是 $s_1:s_3:s_2$，也就是一个行向量，它的每一列都是一个标量。如果 s_1、s_3、s_2 的关系不合理，语句仍然合法，但是内部循环体却一次也不执行。

for 语句循环结构如图 3-2 所示。

例如：

```
for i=1:5, x(i)=0, end
```

把 x 的前 5 个元素置零。如果在程序中使用 i=1:0，语句虽然仍旧合法，但是内部循环体却一次也不执行。如果 x 事先未定义，或者元素个数不足 5 个，MATLAB 会自动地给 x 分配足够的空间。

循环结构可以嵌套使用，为了便于阅读，通常用缩进排版。例如：

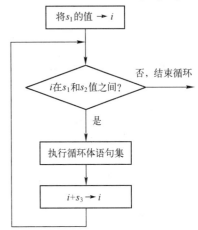

图 3-2　for 循环语句的结构

```
for i=1:4
    for j=1:4
        A(i,j)=1/(i+j-1);
    end
end
A
```

循环体内的分号可抑制 A(i,j) 结果的重复显示，而循环结束后用 **A** 把整个矩阵按行列进行显示。每一个 for 语句要和一个 end 语句配套使用。如果只做

```
for i=1:5 x(i)=0
```

则系统认为循环体尚未结束，会耐心地等待输入循环体后续语句，直到最终输入 end 为止。

设有列向量 t，$t=[-1;0;1;3;5]$，需要建造一个矩阵，使它的每一列都是 t 中元素的幂，而且是逆序排列，即 t^4, t^3, t^2, t^1, t^0，即

```
A =
    1     -1      1     -1      1
    0      0      0      0      1
    1      1      1      1      1
   81     27      9      3      1
  625    125     25      5      1
```

可使用两层嵌套循环，编程如下：

```
t=[-1;0;1;3;5];
n=max(size(t));
for j=1:n
    for i=1:n
        A(i,j)=t(i)^(n-j);
    end
end
A
```

下面的单循环体用向量运算，同样完成了任务，而速度却快得多。

```
t=[-1;0;1;3;5];
n=max(size(t));
A(:,n)=ones(n,1);
for j=n-1:-1:1
    A(:,j)=t.* A(:,j+1);
end
A
```

上例还说明了控制变量可以递减执行。

2. while 循环语句

MATLAB 的另一类循环语句是 while 语句，它使得程序中的一个或多个语句能够无限制地循环下去，执行与否则由一个逻辑值来决定。while 循环的标准形式为

```
while <表达式>
    <循环体(语句集)>
end
```

只要表达式的逻辑值不为 0，语句集里的语句就会被不断地循环执行。表达式通常是标量的关系表达式，非 0 即表示"真"。当表达式不是标量时，可以用 any 或 all 函数使之成为标量。while 循环结构如图 3-3 所示。

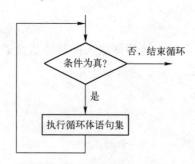

图 3-3   while 循环语句的结构

现在用 while 循环来求解一道简单的题：求阶乘 $n!$ 为 100 位数的最小的 n。程序是：

```
n=1;
while prod(1:n)<1.e100
```

```
        n=n+1;
    end
    n
```

这里 1:n 是正整数列前 n 项组成的数组，prod( ) 是求数组各元素连乘积的函数，随着 n 的逐步增大，prod(1:n) 的值也逐步增大，直至乘积大于 10^{100}，循环就不再继续。结果为

```
    n =
     70
```

3.3.2   条件转移语句

MATLAB 提供的条件转移语句是由关键词 if 引导的，通常有如下几种语法，其中的"条件"是一个逻辑表达式，其逻辑值可能为"真"或"假"，依其值决定如何执行所包含的语句集。

1. if. . . end 语句

该语句语法为

```
    if <条件表达式>
        <语句集>
    end
```

采用缩进排版使得结构清晰。其结构如图 3-4 所示。

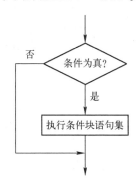

图 3-4   if. . . end 语句的结构

2. if. . . else. . . end 语句

该语句语法为

```
    if <条件表达式>
        <语句集 1>
    else
        <语句集 2>
    end
```

其结构如图 3-5 所示。

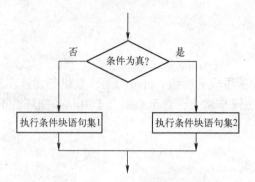

图 3-5   if... else... end 语句的结构

3. 复杂的 if 语句

该语句语法为

```
if <条件表达式 1>
    <语句集 1>
elseif <条件表达式 2>
    <语句集 2>
elseif <条件表达式 3>
    <语句集 3>
        ⋮
elseif <条件表达式 n>
    <语句集 n>
else
    语句集<n+1>
end
```

其结构如图 3-6 所示。

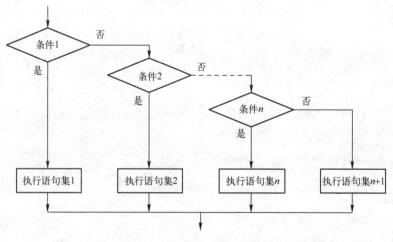

图 3-6   复杂的 if 语句结构

4. 例子

这里有几个例子可以说明 MATLAB 中 if 语句的用法。

【例 3–1】这个例子表明，可以按变量 n 的符号和奇偶性来给 a 赋值。

```
n=input ('n=');
if n<0
    a=-1
elseif rem(n,2)==0
    a=0
else
    a=1
end
```

执行该段程序后，假如 n 的输入为-5，则 $a=-1$；假如 n 的输入为 4，则 $a=0$；假如 n 的输入为 3，则 $a=1$。

【例 3–2】这是从数论中找到的一个趣题。举出一个任意正整数，若其为偶数，则用 2 除之，若为奇数，则与 3 相乘再加 1。重复此过程，直到得出结果 1。问题是能否找到一个整数 n，它能使这一算法无休止地进行下去，永远得不出 1。

下面的程序即表示了这一算法。在说明 while 和 if 语句的同时，还使用了 break 函数。其作用是帮助用户跳出无穷无尽的循环。

```
% Classic "3n+1" problem from number theory.
while 1
    n=input('Enter n, negative quits.');
    if n<=0, break, end
    while n > 1
        if rem(n,2)==0
            n=n/2
        else
            n=3*n+1
        end;
    end
end
```

执行该段程序后，显示

```
Enter n, negative quits.
```

的输入提示，假如此时输入 5 给 n，则显示

```
n =
    16
n =
     8
n =
     4
```

```
n =
    2
n =
    1
Enter n, negative quits.
```

再次输入 n 的值，假如为 16，则显示

```
n =
    8
n =
    4
n =
    2
n =
    1
Enter n, negative quits.
```

直到输入的 n 值为负数，则退出循环，结束程序。

　　【例 3-3】 再举一个用幂级数逼近指数函数的例子，程序里使用了 while 循环语句。数学公式是

$$e^x = 1 + x + \frac{x^2}{2!} + \frac{x^3}{3!} + \cdots + \frac{x^n}{n!} + \cdots$$

当 $x = 1$ 时，

$$e = 1 + 1 + \frac{1}{2!} + \frac{1}{3!} + \cdots + \frac{1}{n!} + \cdots$$

可以逼近我们知道的 e 的值。

```
n=0;
e1=0; e=1;
while abs(e-e1)>1e-16
    n=n+1;  x=1:n; e1=e;
    x=1./(cumprod(x));
    e=1+sum(x);
end
format long, e
```

运行结果

```
e =
    2.718281828459046
```

3.3.3　开关语句

　　开关语句的基本结构为

```
switch <开关表达式>
    case <表达式 1>
        <语句集 1>
    case <表达式 2>
        <语句集 2:>
        …
    otherwise <语句集 n>
end
```

开关语句的基本结构如图 3-7 所示。

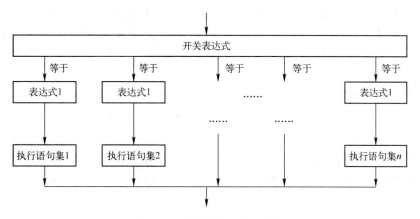

图 3-7　开关语句的基本结构

switch 语句的使用如下例，该程序的作用是显示字符串 METHOD 所定义的方法，在开关表达式里把所有的大写字母都转换成了小写，因此不区分大、小写。

```
METHOD = input('METHOD','s');
switch lower(METHOD)
    case {'linear','bilinear'}
        disp('Method is linear.')
    case 'cubic'
        disp('Method is cubic.')
    case 'nearest'
        disp('Method is nearest.')
    otherwise
        disp('Unknown method.')
end
```

执行后显示：

```
METHOD
```

提示键入相应的方法，假如键入 LinEaR，则结果显示：

```
Method is linear.
```

3.4　MATLAB 语言的文件编写与调试

　　MATLAB 有两种工作方式，一种是由键盘逐行输入命令（每行可有多个命令），MATLAB 立即执行并显示结果，另一种是执行一个命令语句集文件，它自动地按照文件中排好的命令和语句，顺序执行并显示结果。这种命令语句集文件必须使用扩展名".m"，因此称为 M 文件。M 文件由一系列命令和语句组成，也可从中调用其他 M 文件，甚至可以递归调用它自身。

　　M 文件分为两类，一类是程序文件，它自动执行一长串语句和命令，另一类是函数文件，它把用户自建的函数加入到现存的函数库中去。MATLAB 的众多功能主要源于这种新增函数的能力，使用户能解决他们领域的特殊问题。程序文件和函数文件都是由普通 ASCII 码写成的，用户可以用熟悉的编辑器或文字处理器创建或修改。

3.4.1　程序文件

　　在 MATLAB 环境下调用程序文件，就会立即执行文件中的各条语句，不再需要从键盘逐条输入。程序文件中的语句对整个 MATLAB 工作空间里的变量起作用，特别适宜于数据分析、解方程、设计等需要使用大量语句的用户，对他们来说，从键盘逐条输入语句效率太低。

　　MATLAB 中的一系列示例演示程序都是程序文件的最好例子，它们都能自动执行相当复杂的任务。

3.4.2　函数文件

　　如果一个 M 文件的第一行包括了 function 字样，它就是一个函数文件。它与程序文件不同之处在于具有虚实结合传递参数的功能，而且文件中定义的局部变量对 MATLAB 工作空间中的全局变量不起作用。函数文件用 MATLAB 自己的语言来扩展 MATLAB 的函数功能。

　　以 MATLAB 提供的求取矩阵最小元素和最大元素的函数 bounds.m 为例来考察函数文件的构成。为节省篇幅，对该函数文件进行了删节。

```
function [S,L] = bounds(A,in2,in3)
% BOUNDS Smallest and largest elements
%   [S,L] = BOUNDS(A) returns the smallest element S and
%   largest element L for a vector A. If A is a matrix, S
%   and L are the smallest and largest elements of each
%   column. For N-D arrays, BOUNDS(A) operates along the
%   first array dimension not equal to 1.
%
%   [S,L] = BOUNDS(A,'all') returns the smallest element
%   and largest element of A.
%
%   [S,L] = BOUNDS(A,DIM) operates along the dimension DIM.
%
%   [S,L] = BOUNDS(A,VECDIM) operates on the dimensions
```

```
%    specified in the vector VECDIM. For example,
%    BOUNDS(A,[1 2]) operates on the elements contained in
%    the first and second dimensions of X.
%
%    See also MIN, MAX, SORT.
%
%    Copyright 2016-2019 The MathWorks, Inc.

if nargin <= 1
    S = min(A);
    L = max(A);
elseif nargin == 2
    S = min(A,[],in2);
    L = max(A,[],in2);
else
    S = min(A,[],in2,in3);
    L = max(A,[],in2,in3);
end
```

当用

```
P = magic(4); [Vs,Vl] = bounds(P,2)
```

调用 bounds 函数时，得到

```
Vs =
    2
    5
    6
    1


Vl =
   16
   11
   12
   15
```

bounds.m 文件的第一行首先声明这是一个函数文件，指定了函数名和输入、输出变量列表，程序文件不会有这一行；其中，输入变量列表用圆括号，输出变量列表用方括号。文件中出现的%号表示本行%以后的字符是注释，MATLAB 解释器不予理睬。文件最前面的若干以%号开头的行是关于该函数的说明，也就是使用 help bounds 命令时可以看到的信息。文件中用到的变量 S 和 L 是局部变量，只在 bounds 函数中有效，bounds 调用完成后，S 和 L 不会驻留在 MATLAB 工作空间中，若工作空间原先已有 S 或 L，其内容不会被改变。在使用 bounds 函数时，参数 magic(4) 不必放在名为 A 的变量中，使用 bounds(P,2) 就使变量 P、值 2 与输入参数 A、DIM 结合起来了。在这个例子中出现了一个系统保留变量 nargin，表示输入参数个数（number of function input arguments），自然有和它成对的 nargout 表示输出参数的个数。

再看一个 MATLAB 提供的求秩函数 rank( ) 的例子。

```
function r = rank(A,tol)
% RANK    Matrix rank.
%     RANK(A) provides an estimate of the number of linearly
%     independent rows or columns of a matrix A.
%
%     RANK(A,TOL) is the number of singular values of A that are
%     larger than TOL. By default, TOL = max(size(A)) * eps(norm(A)).
%
%     Class support for input A:
%         float: double, single
%
s = svd(A);
if nargin==1
    tol = max(size(A)) * eps(max(s));
end
r = sum(s > tol);
```

如果执行：

```
Z = [3 2 4; -1 1 2; 9 5 10]; rank(Z)
```

则得到下面的结果：

```
ans =
    2
```

综上，M 函数的基本语法为

```
function [<返回变量列表>] = <函数名> (<输入变量列表>)
<注释说明语句段,由 % 引导>
<函数体语句>
end
```

用户第一次调用一个 M 文件时，MATLAB 对它先行编译，再执行，编译好的执行文件驻留在内存中，再次调用时不必重新编译，除非此 M 文件中途被做了修改或者用户的内存太小，以至迫使 MATLAB 自动删去了编译过的文件。

在命令行窗口中用 what 命令可以列出当前子目录下的 M 文件目录，type 命令用来显示 M 文件的内容，调用"主页"选项卡中"新建脚本""新建"或"打开"命令，就可以打开源程序编辑器以建立或修改 M 文件。

一般来说，对于任何被引用的名字，例如 haha，MATLAB 解释器的处理程序首先检查 haha 是否是一个变量，如果不是，再检查它是否是一个本函数内部的子函数，如果还不是，则在当前目录下检查它是否为本目录下的 private 目录内的函数，还不成功时，则试判定这个名字是否为 MATLAB 的内在函数名，又不成功，则试判定这个名字是否为 MATLAB 路径下的 MEX 型文件，若还不是，则试判定这个名字是否为 MATLAB 路径下的 M 函数，再不成功时便显示出错信息。

3.4.3　MATLAB 文件的跟踪调试

MATLAB 提供了程序跟踪调试命令，使用户能直观方便地跟踪调试程序代码。程序或函数内部的局部变量值可以由跟踪调试程序测出，下面通过一个简单的例子来演示。

【例 3-4】用对分法（二分法）求解方程 $\ln x = \sin x$。

先将原方程化成 $y = \ln x - \sin x = 0$ 的形式。

对分法的基本思想是：一个一元方程 $f(x) = 0$，若在 $[x_1, x_2]$ 区间内 $f(x_1) \cdot f(x_2) < 0$，则该方程在 $[x_1, x_2]$ 区间内有实数解。具体解法是首先取该区间的中点 $x_m = (x_1 + x_2)/2$，判定 $f(x_1)$ 和 $f(x_2)$ 二者中哪一个和 $f(x_m)$ 异号。找到了该点后，问题就转换成由该点和 x_m 点区间上的求解问题。重复这样的步骤，直到区间的长度小于一个可以接受的小正数 ε（或循环次数足够多），则认为该中点是原方程的解。

根据上述思想，编程如下：

```
x1 = 1; x2 = pi;                  % 设置初值,判定解在 1 和 π 之间
for I = 1:32                      % 设定对分法循环 32 次
    y1 = log(x1)-sin(x1);         % 求左端点的函数值
    y2 = log(x2)-sin(x2);         % 求右端点的函数值
    x = 0.5 * (x1+x2);            % 求中间点的自变量值
    y = log(x)-sin(x);            % 求中间点的函数值
    if y * y1>0, x1 = x; end      % 如果中间点的函数值与左端点函数值同号,
                                  % 则将中间点作为下一次循环的左端点
    if y * y2>0, x2 = x; end      % 如果中间点的函数值与右端点函数值同号,
                                  % 则将中间点作为下一次循环的右端点
end                              % 循环结束
format long;                      % 设置长格式以显示较多的有效数字
x, y                             % 显示结果 x 和 y.
```

将程序输入 MATLAB 的源程序编辑器保存后，我们可以通过功能区"编辑器"选项卡中的"运行"命令完成程序运行。

通过"编辑器"选项卡中的"断点"选择与设置，实现程序运行的断点功能，或通过 F12 键（或跟踪调试程序界面上"断点"菜单下的快捷键"设置/清除"）或直接单击程序行号右侧短线来设置断点功能。然后，编辑器中执行"运行"或 F5 键，则程序一直运行到断点处，并在断点处的语句前面出现一个绿色的箭头，这时将鼠标放在想查询的局部变量上，将立即显示出该变量的名称、维数、数据类型和相应的数值；也可以在"断点"中设置条件，如上述程序在 i==20 设置条件时，程序运行停止；此外在程序断点处，选择"禁用"，这样保留断点标记（有×标记），但该断点已不起断点作用了，如图 3-8 所示。

上面的程序若想单步执行，则选择"步进"，或按 F10 键即可，程序可实现逐行运行。若想继续执行到下一断点，则可以选择"编辑器"选项卡中的"继续"命令（或 F5 键）。

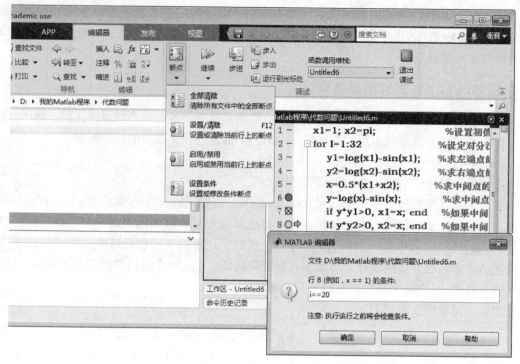

图 3-8　MATLAB 的跟踪调试程序界面

在断点状态下，若想直接得到运行结果，选择红色"退出调试"命令，或 F12 键，或直接单击断点标记，可以取消断点，退出断点状态。该程序最后的运行结果为：

```
x =
    2.21910714871850
y =
-2.058835324447728e-010
```

编辑器中的一些断点调试菜单项的含义如表 3-10 所示。

表 3-10　断点调试程序的图标及快捷键的功能

图　标	快　捷　键	功　能
步进	F10	"步进"，单步运行
步入	F11	"步入"，单步运行且进入被调函数
步出	Shift+F11	"步出"，一直运行到被调函数出口
继续	F5	"运行"或"继续"，开始运行或继续运行到下一断点
设置/清除	F12	"断点"，设置或清除断点
运行到光标处	—	"运行到光标处"，程序一直运行到光标所在的行

图　标	快　捷　键	功　能
设置条件	—	"设置条件"，设置断点起作用的条件
启用/禁用	—	"启用"或"禁用"，启用或禁用断点
全部清除	—	"全部清除"，清除文件中的所有断点
退出调试	—	"退出调试"，退出调试状态

3.5　MATLAB 语言编程技巧

3.5.1　测定程序执行时间和时间分配

程序的运行时间可以由两组 MATLAB 命令来测取。tic 和 toc 是启动秒表和停止秒表的命令，而 cputime 是获取 CPU 时间的命令，二者都可以用来测定某个程序执行所需的时间。

例如对如图 3-9 所示的程序可以测得所用的时间为

```
>> logsine
x =
    2.219107148718498
y =
   -2.058835324447728e-10
历时 0.003729 秒.
t =
    0
```

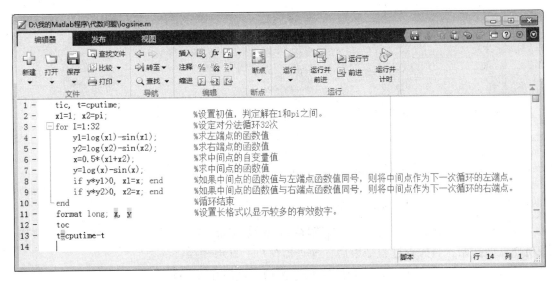

图 3-9　被测程序 logsine.m

可见 tic/toc 测出的历时比较精细，而 cputime 则没有测出时差。而且由于 tic 和 toc 命令不产生附加变量，故在实际编程中更加常用。

MATLAB 还提供了一个 M 函数的耗时剖析"探查器"命令行窗口（profile），其主要功能是对 M 文件的各指令耗时进行分析，指出运行"瓶颈"所在。MATLAB 剖析工具有两种使用方式：直接指令式和图形界面式。不同 MATLAB 版本中的命令语法不同，在 MATLAB R2019b 版本中，其语法如下：

```
profile on          % 启动耗时探查器功能,并清除以前的剖析记录
<被探查函数名>       % 实际运行要测试的函数
profile viewer      % 停止剖析,打开剖析界面,显示分析汇总探查器窗口
```

【例 3-5】分析 plot(magic(35)) 的耗时剖析程序：

```
>>profile on
>>plot(magic(35));
>>profile viewer
```

图 3-10 是分析 plot(magic(35)) 所产生的"探查器"窗口。

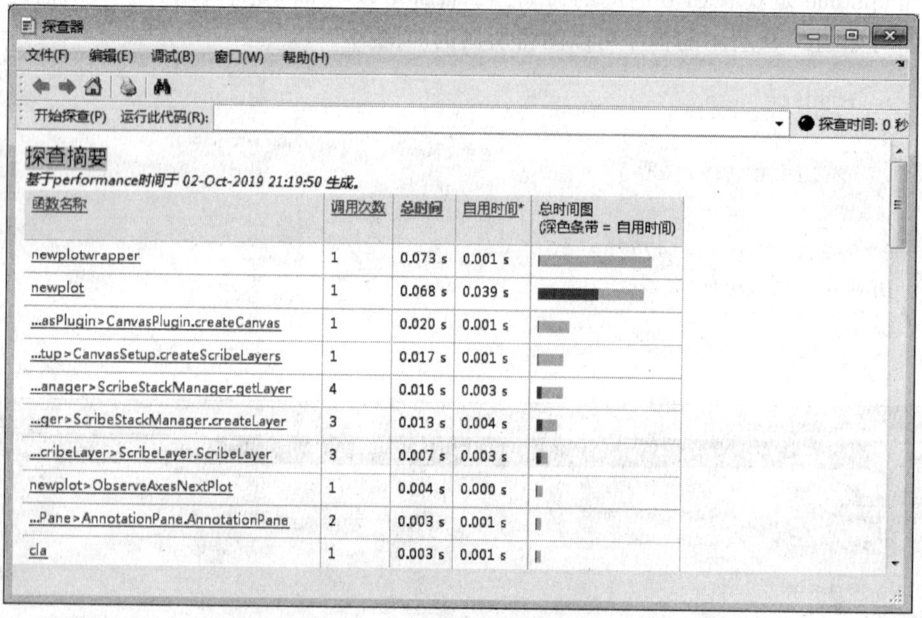

图 3-10　plot(magic(35)) 的分析汇总表

图 3-11 是初始状态下的"探查器"窗口，可有两种方法打开此窗口。

方法一：启动 MATLAB R2019b 后，选择"主页"选项卡下的"运行并计时"命令；

方法二：启动 MATLAB 后，在命令窗中键入 profile viewer。

在探查器的"运行此代码"中，填写待运行分析的指令，然后单击"开始探查"按钮，分析便立即开始，当探查过程结束后，探查器窗口上显示"探查摘要"。

还有一种方法是首先按下"开始探查"按钮，然后在 MATLAB 命令行窗口中，输入要分析的（单条或多条）指令，则分析就立即开始，当 MATLAB 命令行窗口再次显示提示符

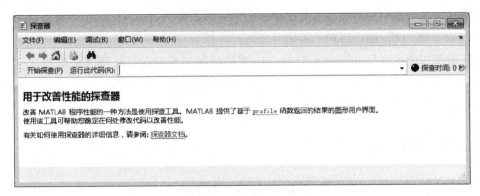

图 3-11　初始状态下的"探查器"窗口

">>"时，则可按下"探查器"窗口中的"停止探查"按钮，停止剖析过程，探查器上显示分析的探查摘要表（profile summary）。

3.5.2　充分发挥速度和利用内存

尽管计算机的主频不断提高，内存不断加大，CPU 内核的数量不断增多，速度和内存越来越不是问题，但是待解决问题的难度和规模也在上升，如果遇到需求的挑战，用户还是不得不面对开销巨大，资源短缺的现实。本节只是介绍一个小概念，也许能对用户有所帮助。MATLAB 内部的向量和矩阵操作比它的解释器要快一个数量级以上，也就是说，要使MATLAB 以最快的速度工作，必须尽一切可能把 M 文件中的计算工作变成向量或矩阵运算，特别是 for 语句和 while 语句。当提高速度成为主要矛盾时，首先要检查是否已最大限度地使用了向量和矩阵运算。养成这样编程的好习惯，或可受益终生。

有时循环语句是不可避免的，这时仍有方法来改变，试比较下面三个流程，流程一和流程二是循环语句的例子，流程三没有使用循环语句。题目是 $x \in \mathbf{N}^*$ 且 $x \leqslant 100000$，求 $y = x^2 + 6x - 3$。

%流程一	%流程二	%流程三
clear	clear	clear
tic	tic	tic
n = 100000;	n = 100000;	n = 100000;
for i = 1:n	y = zeros(1,n);	y = ones(1,n);
y(i) = i.^2+6*i-3;	for i = 1:n	y = y.^2+6*y-3;
end	y(i) = i.^2+6*i-3;	toc
toc	end	
	toc	

每个流程开始时都先用 clear 命令清除工作区，保证同起点运行，用 tic 命令开始计时，用 toc 命令结束计时并报告计时结果。在编者现有计算机上运行的结果，流程一历时 0.030543 秒，流程二历时 0.000784 秒，流程三历时 0.000284 秒。流程一历时和流程三历时相差 100 多倍。

流程二比流程一要快约 38 倍，这是因为流程二在循环语句前预先为 y 分配了足够的单元，循环时只须向各元素内填数，而流程一程序未预先定义 y 的大小，因此每执行一次循环体，便要扩充一次 y 的长度，增加了内部工作量。因此对于循环体中存储输出值的变量，一般要在循环前给以恰当的尺寸定义。流程三说明这个程序可以完全用数组运算来解决，不需要使用循环语句，因此能比流程二更快一些。

为了提高速度还要尽可能地采用 MATLAB 提供的函数指令，采用高效的算法，还可以采用 MEX 文件来执行循环，尽量采用 M 函数文件替代 M 脚本文件，尽量使用 save 和 load 指令实施数据的保存和获取等。

3.6　上机实践

1. 用 MATLAB 可以识别的格式输入下面两个矩阵

$$A = \begin{bmatrix} 1 & 2 & 3 & 3 \\ 2 & 3 & 5 & 7 \\ 1 & 3 & 5 & 7 \\ 3 & 2 & 3 & 9 \\ 1 & 8 & 9 & 4 \end{bmatrix} \qquad B = \begin{bmatrix} 1+4i & 4 & 3 & 6 & 7 & 8 \\ 2 & 3 & 3 & 5 & 5 & 4+2i \\ 2 & 6+7i & 5 & 3 & 4 & 2 \\ 1 & 8 & 9 & 5 & 4 & 3 \end{bmatrix}$$

再求出它们的乘积矩阵 C，并将 C 矩阵的右下角 2×3 子矩阵赋给 D 矩阵。赋值完成之后，调用相应的命令查看 MATLAB 工作空间的情况。

2. 试用如下几种方法来建立向量，观察结果。

（1） x = 1:5,　　 x = (1:5)'

（2） y = 0:pi/4:pi

（3） x = (0:0.2:3)',　　　　 y = exp(-x).*sin(x)

（4） k = linspace(-pi, pi, 5), k = logspace(-3, 1, 5)

3. 进行如下的矩阵操作，观察结果并了解函数 tril 和 triu 的作用。

（1） z = [1 2; 3 4];

　　　 zz = [z　fliplr(z); flipud(z)　flipud(fliplr(z))]

（2） a = [1　4　7　10;　2　5　8　11;　3　6　9　12]

　　　 b = reshape(a,2,6),　 tril(a),　 triu(a)

4. 进行如下的字符串操作，观察结果

（1） 把字符串'Hello'赋给变量 a，用 abs(a) 将其改为数字量，再用 setstr(a) 把它改回字符串型变量，并用 disp(a) 将其显示在屏幕上。

（2） 用 num2str 和 sprintf 把 [65　66　67　68] 转成字符串。

（3） 用 hex2num 函数将'ABCDEF'化成数字量。

（4） 执行 eval('x=0:0.05:3; plot(x,humps(x))')，了解 eval 的用法。

5. 已知 $A = \begin{bmatrix} 1 & 1 & 1 \\ -1 & 1 & 1 \\ 1 & -1 & 1 \end{bmatrix}$，$B = \begin{bmatrix} 1 & 2 & 1 \\ 1 & 3 & -1 \\ 2 & 1 & 4 \end{bmatrix}$，求

（1） $A+B-2A$　　　 （2） $A*B$　　　 （3） $A.*B$　　　 （4） $A.*B-B.*A$

6. 已知 $x = [1\ 2\ 3]$，$y = [4\ 5\ 6]$，试计算

（1） z = x.*y　　　 （2） z = x.\y　　　 （3） z = x./y

7. 解线性方程

$$\begin{bmatrix} 5 & 7 & 6 & 5 & 1 \\ 7 & 10 & 8 & 7 & 2 \\ 6 & 8 & 10 & 9 & 3 \\ 5 & 7 & 9 & 10 & 4 \\ 1 & 2 & 3 & 4 & 5 \end{bmatrix} X = \begin{bmatrix} 24 & 96 \\ 34 & 136 \\ 36 & 144 \\ 35 & 140 \\ 15 & 60 \end{bmatrix}$$

8. 解方程组

（1）$\begin{cases} x+y+z=1 \\ x+2y+z-w=8 \\ 2x-y-3w=3 \\ 3x+3y+5z-6w=5 \end{cases}$　　　　　（2）$\begin{cases} x+y+z=5 \\ 2x+y-z+w=1 \\ x+2y-z+w=2 \\ y+2z+3w=3 \end{cases}$

9. 求顶点是 $A(2,5,6)$，$B(11,3,8)$，$C(5,1,11)$ 的三角形各边的长。

10. 进行如下的逻辑运算，观察结果

（1）$P=[1\ 0\ 0]$，　$\sim P$，　$P \mid \sim P$，　$P\&\sim P$

（2）$C=\mathrm{rem}(P,2)$，　$C\&P$，　$C\mid P$，　$(C-1)\&P$

（3）$\mathrm{any}(P)$，　$\mathrm{all}(P)$，　$\mathrm{all}(P\mid\sim P)$，　$\mathrm{any}(P\&\sim P)$

11. 进行如下的关系运算，观察结果

（1）$y=[4\ 2\ 1\ 5\ 3\ 0\ 6]$；　　　　　$i=\mathrm{find}(y>3.0)$

（2）$t=1/0$；　　　　$t==\mathrm{NaN}$，　　　$\mathrm{isnan}(t)$

12. 用 MATLAB 语言实现下面的分段函数：

$$y=f(x)=\begin{cases} 1, & \text{当 } x>1 \\ x, & \text{当 } |x|\leqslant 1 \\ -1, & \text{当 } x<-1 \end{cases}$$

13. 分别用 for 和 while 循环语句编写程序，求出

$$K = \sum_{i=0}^{63} 2^i = 1 + 2 + 2^2 + 2^3 + \cdots + 2^{62} + 2^{63}$$

并考虑一种避免循环结构的简捷方法来进行求和，比较 3 种算法的运行时间。

14. 用对分法解超越方程

$$\ln x = \cos(x+\varphi)$$

其中 φ 取 0、$\pi/8$、$\pi/4$ 和 $3\pi/8$。

15. 在试运行某一程序 myprog 时发现在调用函数 myfun 时出错，命令窗显示信息如下：

```
>> myprog
    函数或变量 'b' 无法识别.
    出错 myfunc (line 2)
    z = sqrt(x^2+y.^2)+b;
    出错 myprog (line 3)
    z = myfunc(x,y)
```

试问应如何使用编辑器工具查找错误？

第4章 用 MATLAB 实现计算数据可视化

数据可视化的目的在于通过图形从一堆看似杂乱的离散数据中观察数据间的内在关系，感受由图形所传递的内在本质。MATLAB 语言除了具有强大的数值分析工具外，还提供了非常丰富的图形绘制功能。MATLAB 语言一向重视数据的图形表示，并不断采用新技术改进和完善其可视化功能。

MATLAB 语言从 4.0 版本开始就提出了句柄图形学的概念，为面向对象的图形处理提供了强有力的工具。在利用 MATLAB 进行绘图时，其中每个图形元素（如坐标系或图形上的曲线、文字等）都是一个独立的对象，被分配给一个句柄（handle），用户只需对该句柄进行操作就可以单独地修改任何一个图形元素，而不影响图形的其他部分。

MATLAB R2019b 版本进一步加强了图形绘制功能，使创建和自定义绘图变得简单，新的默认颜色、字体和样式使用户的数据更容易解读，且在默认情况下启用平移、缩放、数据提示和三维图形旋转来进一步丰富数据的可视化功能。MATLAB 可以在"工作区"窗口选择变量，然后通过选择"绘图"选项卡中的不同绘图命令进行可视化的图形操作。

本章将系统地介绍二维图形和三维图形的基本绘制方法，如何利用用线型、颜色和数据点标记表现不同数据的特征，如何利用用句柄图形技术修改图形以得到理想的效果，以及如何利用视角变换来观察研究三维视图的特征。由于用户计算机的图形卡和显示器多种多样，本书描述的图形绘制结果可能与用户运行所得不尽相同，又由于本书没有采用彩印，在表达图形的不同颜色时遇到了困难，除了使用线型来区分不同曲线之外，希望读者关注书中图形的变化与对比，以弥补本书的不足。

4.1 用 MATLAB 语言绘制二维图形

4.1.1 基本绘图语句

在二维曲线绘图指令中，最重要、最基本的指令是 plot 函数，它以 MATLAB 的内部函数（build-in function）形式出现，其他二维图形指令中的绝大多数是以 plot 为基础构造的。因此，本节将围绕 plot 函数的用法展开。

plot 命令产生一幅 x 和 y 轴均为线性尺度的直角坐标图。如果用户将需要绘图的两组数据分别存储在向量 x 和 y 中，并且它们包含的元素个数相同，就可以简单地调用 plot 函数。该函数的调用语法为

```
plot(x,y)
```

或

```
plot(y)
```

当输入变量表中只有一个变量时，则以其元素序号为横坐标绘图，如果 y 是一个矩阵，则将其每一列数据绘成一条曲线。

【例 4-1】绘制一个周期内的正弦曲线。使用命令

```
>>t = (0:0.05:2)*pi;  y = sin(t);  plot(t,y)
```

生成的曲线如图 4-1（a）所示。

如果 x 是向量、y 是矩阵，plot(x,y) 将依次把 y 的行或列作纵坐标，对横坐标 x 绘制曲线；如果 x 是矩阵、y 是向量，plot(x,y) 将依次把 x 的行或列作横坐标，对纵坐标 y 绘制曲线；如果 x 和 y 都是同规格的矩阵，plot(x,y) 则将 x 和 y 的对应列作为横纵坐标绘图。利用这点 MATLAB 可以很方便地在一个绘图窗口上同时绘制多条曲线，例如下面的命令

```
>>t = (0:0.05:2)*pi;y = [sin(t);cos(t)];plot(t,y)
```

产生如图 4-1（b）所示的两条曲线。在彩色显示器上，MATLAB 会自动地用不同的颜色将曲线显示出来。

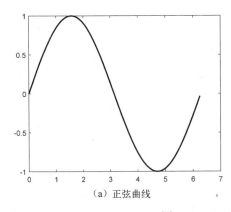 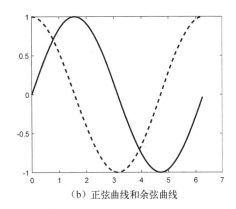

（a）正弦曲线　　　　　　　　　　　（b）正弦曲线和余弦曲线

图 4-1　plot(x,y) 函数绘图举例

plot( ) 函数也有其局限性，它只有一个纵坐标轴，例如执行下面的命令

```
>>t = (0:0.05:2)*pi;y = [sin(t);0.01*cos(t)];plot(t,y)
```

产生两条如图 4-2（a）所示的曲线。由于两条曲线的幅值相差很大，按相同的比例绘制曲线，将不能体现余弦曲线的特征。plotyy( ) 函数可以解决这个问题，它有两个纵坐标轴，可以使两条幅值相差悬殊的曲线在同一幅图上绘制出来，而不影响观察效果。该函数的调用语法为

```
plotyy(t₁,y₁,t₂,y₂)
```

例如执行下面的命令

```
>>t = (0:0.05:2)*pi;  plotyy(t,sin(t),  t,  0.01*cos(t));
```

产生如图 4-2（b）所示的两条曲线。

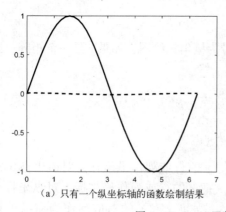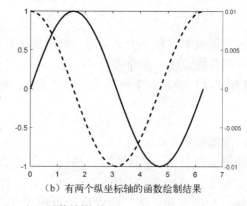

（a）只有一个纵坐标轴的函数绘制结果　　　　　（b）有两个纵坐标轴的函数绘制结果

图 4-2　plot( )函数与 plotyy( )函数绘图对比

4.1.2　绘图语句的选项

plot( )函数允许在同一幅图上同时绘制多条曲线，而且 MATLAB 提供了多种绘图的选项，可以清晰地区分这些曲线。绘图语句的选项大致有"曲线线型""曲线颜色""标记符号"三类。

"曲线线型"选项可以控制绘制出的曲线为实线、虚线和点画线等，如表 4-1 所示。

表 4-1　曲线线型选项

选　项	意　义	选　项	意　义
'-'	实线	'-.'	点画线
'--'	虚线	'none'	不显示线
':'	点线		

"曲线颜色"选项可以控制曲线的颜色，如表 4-2 所示，用向量指定颜色时取值范围为 [0,1]，此时在向量前面应加属性名'color'和逗号，这样指定的颜色将控制整个 plot 语句中各条线。

表 4-2　曲线颜色选项

选　项	意　义	选　项	意　义
'b'	蓝色	'c'	青色
'g'	绿色	'k'	黑色
'm'	品红色	'r'	红色
'w'	白色	'y'	黄色
1×3 向量[r,g,b]	指定任意的颜色		

如果用户想在图上标志数据点，就必须在 plot( )函数中设置"标记符号"选项，如表 4-3 所示。

表 4-3　标记符号选项

选　　项	意　　义	选　　项	意　　义
'.'	点号	'h'	六角星
'o'	圆圈	's'	方块符
'd'	菱形符	'^'	朝上三角符
'*'	星号	'v'	朝下三角符
'+'	十字符	'<'	朝左三角符
'x'	叉号	'>'	朝右三角符
'p'	五角星			

其中上面给出的各类选项有一些可以连在一起使用，例如选项'--b'表示绘制蓝色的虚线。带有选项的二维曲线绘制函数的调用语法为

$$plot(x_1, y_1, <选项1>, x_2, y_2, <选项2>, …)$$

例如执行下面的命令

```
>>t = (0:0.03:2)*pi; y1 = sin(t); y2 = cos(t); y3 = y1.*y2;
>>plot(t, y1, '--r', t, y2, '-.g', t, y3, 'x')
```

就可得到如图 4-3 所示的三条曲线，在计算机屏幕上它们分别由红色的虚线、绿色的点画线和叉号数据点标记来表示。

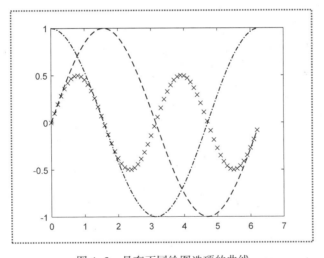

图 4-3　具有不同绘图选项的曲线

plot( )函数允许任意多对 x 和 y 参数，它的调用语法也是很灵活的，如果省略某些选项也是合法的，例如

```
>>plot(x1, y1, '--r', x2, y2, x3, y3, '-.g', x4, y4);
```

也可以绘制出正常的图形。在调用 plot( )函数绘制多条曲线时，如果不指定"曲线颜色"选项，系统将按照蓝、绿、红等颜色顺序自动给每条曲线指定颜色加以区分。

4.1.3 图形标识和坐标控制

图形标识包括：图名（Title）、坐标轴名（Label）和图例（Legend）等。在绘制完曲线后，MATLAB 还允许用户使用一些图形标识函数进一步修饰画出的图形，例如用户在绘制完图 4-3 所示的图形后又给出下面的命令

```
>>grid on,xlabel('时间'),ylabel('幅值'),title('正弦曲线')
```

将得到如图 4-4（a）所示的图形。其中 grid on 命令在各个坐标系上加上网格线，使曲线的坐标看起来更清晰。xlable( ) 和 ylabel( ) 函数分别将括号中的字符串写在 x 轴和 y 轴附近。title( ) 函数将其括号中的字符串写在图形的上方作为图形的标题。

MATLAB 在绘制图形时，能根据所给数据的范围自动地确定坐标系，使曲线清晰地显示出来。如果用户觉得自动选择的坐标系不合适，还可以调用 axis( ) 函数修改坐标系的范围，该函数的调用语法为 axis($[x_{min}, x_{max}, y_{min}, y_{max}, z_{min}, z_{max}]$)。如果只给出 4 个参数，则系统认为是 x 轴和 y 轴的取值范围，并根据这一坐标系取值范围画出二维曲线。如果给出 6 个参数，则系统将根据三维坐标轴的取值范围来绘制三维曲线。如果在绘制出图 4-4（a）所示图形后再执行

```
>>axis([-1,8,-1.2,1.2]);
```

将得到如图 4-4（b）所示的图形。axis( ) 函数还可以有下列形式：

```
axis equal
axis square
```

它们的作用效果可以在执行后续的例子时看出，也可用 help 命令找到。

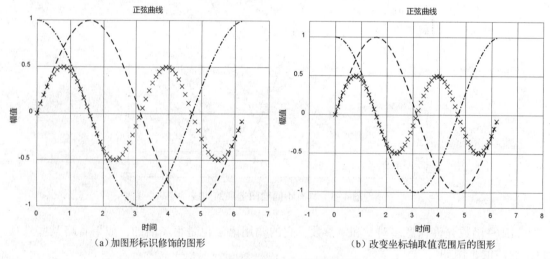

（a）加图形标识修饰的图形   （b）改变坐标轴取值范围后的图形

图 4-4 图形标识和坐标控制的应用

4.1.4 交互式图形指令

MATLAB 还提供了一些与鼠标操作有关的交互式图形指令，在这里主要介绍 ginput( ) 函

数和 gtext( ) 函数。

ginput( ) 函数的作用是用鼠标从二维图形上获取 *n* 个点的数据坐标，它的调用语法为

```
[x, y, button] = ginput(n)
```

其中 n 为通过鼠标从图上获取的数据点的数目，返回的向量 x 和 y 分别存放 n 个数据点的横纵坐标，向量 button 存放每次按下鼠标键的标号：1 代表鼠标左键，2 代表鼠标中键，3 代表鼠标右键。

gtext( ) 函数的作用是在图形上用鼠标选择一个合适的点，并在该点处显示一个字符串。它的调用语法为 gtext('string')，其中 string 为将要显示的字符串。

【例 4-2】用鼠标左键取点，每个点在屏幕上作一个圆圈标记，然后连成折线，最后用鼠标在图中指定适当地方写一行标注文字，如图 4-5 所示。

```
axis([0, 5, 0, 5]); hold on; box on;
x = [ ]; y = [ ];
while 1
    [x1, y1, button] = ginput(1);
    if (button ~= 1) break; end
    plot (x1, y1, 'o'); x = [x, x1]; y = [y, y1];
end
line(x, y); hold off
gtext('用左键取点,然后画折线');
```

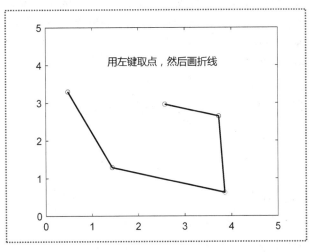

图 4-5　交互式图形指令应用

4.2　MATLAB 句柄图形技术

4.2.1　句柄图形体系

MATLAB 把用于数据可视化和用户图形界面制作的基本绘图元素（如坐标系、曲线、

文字等）称为句柄图形对象（handle graphics object），用户可以对其中任何一个图形元素进行单独修改，而不影响图形的其他部分，MATLAB 的句柄图形体系如图 4-6 所示。

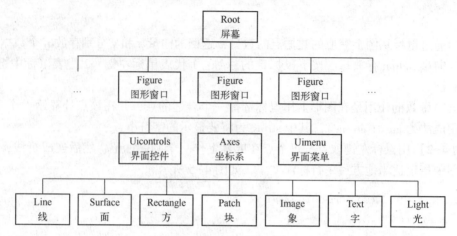

图 4-6　句柄图形体系的结构

　　MATLAB 给每一个图形元素都分配一个唯一的规范识别符，称为句柄（handle），用户可以通过句柄实现对相应图形元素的修改操作。根对象只有一个，即屏幕，它的句柄总是整数 0，而图形窗口的句柄总是正整数，图形窗口可以有多个。除以上两种对象外，其余对象的句柄都是双精度浮点数，各种对象均可以有多个，图中不再一一绘出。图中的隶属关系简称父子关系，比如 Figure 是 Axes 的父对象，而 Text 是 Axes 的子对象。

　　如果用户想要修改已经绘制的图形对象，首先要获取该对象的句柄。MATLAB 提供了多种获取某一个对象句柄的方法。

1. 从图形绘制命令获取句柄

　　在调用所有高层或低层图形绘制命令时，都可以返回一个句柄值。如执行下面一段命令将返回一个由 line 绘制折线的句柄值，并把它赋给变量 h。

```
>>x = [1 2 3 4 5 6];
>>y = [8 3 6 2 1 9];
>>h = line(x ,y);
```

2. 获取当前对象的句柄

MATLAB 提供了 3 个获取当前图形对象句柄的命令。

（1）gca：返回当前坐标系的句柄（get current axes）。

（2）gcf：返回当前图形窗口的句柄（get current figure）。

（3）gco：返回当前被选定的图形对象的句柄（get current object）。

在使用 gco 命令时，要先用鼠标选中感兴趣的对象。在 MATLAB 图形编辑状态下，如果选中了图上的一个对象，则当前对象表示为选中状态。

3. 使用 get 命令获取句柄

使用 get 命令可以获取已知句柄的父句柄或子句柄，调用语法为：

```
h_parent = get(h_known , 'Parent')
```

或

$$h_{child} = get(h_{known}, 'Children')$$

这两种调用语法可以分别获取已知句柄 h_{known} 的父句柄 h_{parent} 和子句柄 h_{child}。

4.2.2　多子图及坐标系句柄设定

根据计算数据可视化的需要，有时要在一个图形窗口中布置多幅独立的子图，以便进行对比分析。比如，可以将一个图形窗口分割成两部分，在上半部分绘制控制某系统的幅频特性曲线，在下半部分绘制相频特性曲线。分割图形窗口以布置多幅子图的工作是由 subplot( ) 函数来完成的，该函数的调用语法为

```
subplot(m,n,k)
```

表示将图形窗口分割成 m 行 n 列，将要在这个图形窗口布置 $m×n$ 幅子图，而 k 表示子图的编号。子图的序号编排原则是：左上方为第 1 幅，向右向下依次排号。例如 subplot(4,3,11) 表示将图形窗口分割成 4 行 3 列共 12 个部分，将要在第 11 部分（即第 4 行、第 2 列）上绘制图形。

【例 4-3】在同一个图形窗口绘制如图 4-7 所示的多幅子图。

```
>>t = (0:10:360)*pi/180; y = sin(t);
>>subplot(2,1,1),plot(t,y)
>>subplot(2,2,3),stem(t,y)
>>subplot(2,2,4),polar(t,y)
```

其中 stem( ) 是绘制火柴杆图的函数，polar( ) 是绘制极坐标图的函数。subplot(2,1,1) 将图形窗口分成上下两部分，并在上部分画图。subplot(2,2,3) 和 subplot(2,2,4) 对图形窗口进行了再分割，它只影响 2×2 窗口的下半部，而不影响上半部。

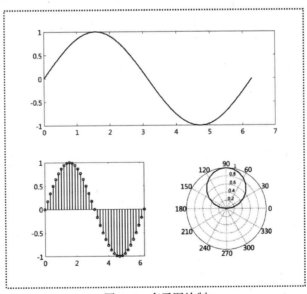

图 4-7　多子图绘制

subplot( ) 函数产生的各个子图彼此之间独立而且具有排它性，所有的绘图指令都可以在子图中使用。在执行完上面的命令以后，当前的绘图区域处于第 2 行第 2 列的位置，继续执

行下段命令，将产生如图 4-8 所示的图形。

```
>>y2 = cos(t); y3 = y.*y2;
>>plot(t, y, '--or', t, y2, '-.h', t, y3, '-xb');
>>xlabel('时间');  ylabel('幅值');
>>axis([-1, 8, -1.2, 1.2]);
```

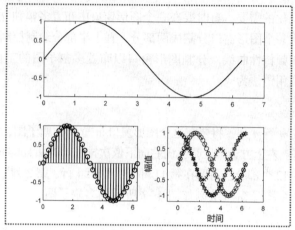

图 4-8　多子图绘制指令的效果

还可以进一步对第 2 行、第 2 列的部分进行再分割：

```
>>subplot(4, 4, 11), fill(t, y, 'r')
>>subplot(4, 4, 12), plot(t, y)
>>subplot(4, 4, 15), plot(t, y2)
>>subplot(4, 4, 16), plot(t, y3)
```

可以得到如图 4-9 所示的图形。当对图形窗口进行再次分割时，如果与原有分割发生位置冲突，则发生冲突的原有子图将消失，这就是 subplot( )函数的排它性。例如继续执行下面的命令：

```
>>subplot(3, 1, 2), plot(t, y);
```

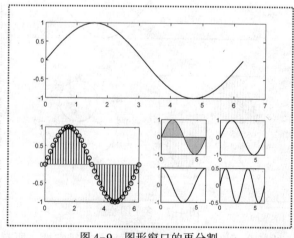

图 4-9　图形窗口的再分割

将令原有图形窗口中的(2,1,1)、(2,2,3)、(4,4,11)和(4,4,12)子图消失，得到如图 4-10 所示的新分割图形。

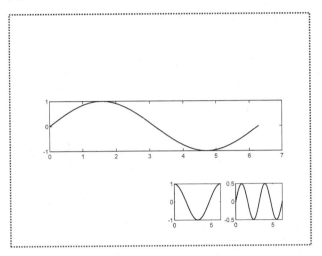

图 4-10　发生冲突的窗口分割

在使用 subplot( )函数分割图形窗口之后，可以用 subplot(1,1,1)或 clf 清图形窗口指令恢复在整个图形窗口绘制独幅图。subplot( )函数以规则分割方式绘制子图，MATLAB 还提供了一个函数 axes( )，可以在图形窗口内的任意位置绘制任意大小的坐标系。该函数在不影响图形窗口上其他坐标系的前提下建立一个新的坐标系，由多个 axes( )函数调用得到的坐标系可以重叠且互不干扰。该函数的调用语法为 h = axes('position', [左，下，宽，高])，表示在指定的矩形区域内建立一个坐标系。其中，[左，下，宽，高]是坐标系所处的当前图形窗口的矩形区域，分别为区域的左下角与区域的宽和高，其值为(0,1)之间的任意实数，是一个相对值，在 MATLAB 系统中，图形窗口的左下角是(0,0)，右上角是(1,1)。调用该函数后返回给 h 变量的双精度数就是这个坐标系的句柄，用户可以通过这个句柄，修改该坐标系的各种属性。

【例 4-4】在图形窗口中任意绘制坐标系。逐行执行下面的命令，可以看到各坐标系的绘制及覆盖情况，最终得到如图 4-11 所示的图形。命令中使用了约定的'pos'代替'position'。

```
t = linspace(0, 2 * pi, 60);
y1 = sin(t); y2 = cos(t); y3 = y1. * y2;
h = figure(1);  stairs(t, y1)
h1 = axes('pos', [0.2 0.2 0.6 0.4 ]); plot(t, y1)
h2 = axes('pos', [0.1 0.1 0.8 0.1 ]); stem(t, y1)
h3 = axes('pos', [0.5 0.5 0.4 0.4 ]); fill(t, y1, 'g')
h4 = axes('pos', [0.1 0.6 0.3 0.3 ]);
plot(t, y1, '--', t, y2, ':', t, y3, 'o')
```

变量 h1、h2、h3 和 h4 中分别存有 4 幅坐标系的句柄。如果在绘制坐标系时没有用赋值方式获得句柄，也可在事后用 gca 命令（get current axes）获取当前坐标系的句柄。

用户可以通过 get( )和 set( )函数获取和设置坐标系对象的有关属性值。实际上，get( )

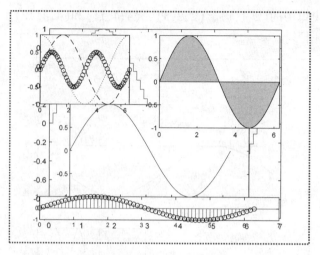

图 4-11　图形窗口的再分割

和 set( ) 函数可以获取和设置所有句柄图形对象的属性值，它们的一般调用语法如下。

① get(句柄, 属性名)：将获得的属性值放到变量 ans 里，可用分号抑制显示。

② 变量 = get(句柄, 属性名)：将获得的属性值放到变量里，这里用分号来抑制显示。

③ set(句柄, 属性名, 属性值)：为该句柄的该属性设置属性值。

④ set(句柄, 属性名 1, 属性值 1, 属性名 2, 属性值 2, …)：同时设定多个属性值。

⑤ 句柄 . 属性名 = 属性值：用简洁的赋值语句设定属性，注意句柄和属性名之间用圆点符隔开，只能设定单个属性值。

使用 set（句柄）命令可以在命令窗口中列出该句柄所指对象的所有允许属性。表 4-4 列出坐标系对象的一些常用属性。

表 4-4　坐标系对象的常用属性

属　　性	说　　明
Position	坐标系的位置属性，其值为［左，下，宽，高］
Title	坐标系标题，其值为一字符串，该属性也可由 title( ) 函数设定
XLabel	x 轴标注，其值为一字符串，该属性也可由 xlabel( ) 函数设定。类似地还有 YLabel 和 ZLabel 属性
XDir	x 轴的方向，'normal'为正向，'rev'为逆向。类似地还有 YDir 和 ZDir 属性
XGrid	x 轴是否加网格线，'off'为无网格线，'on'为有网格线。类似地还有 YGrid 和 ZGrid 属性
Box	坐标系四周的方框，'on'为有方框，'off'为无方框
ColorOrder	设置以不同颜色区分多条曲线时的颜色顺序，其值为一个 $n×3$ 矩阵，矩阵的每一行表示一种颜色，具体颜色由 colormap( ) 函数来设置，矩阵由上到下各行表示绘制曲线的颜色顺序
GridLineStyle	网格线类型，属性值见表 4-1

属　　性	说　　明
XLim	x 轴的上下限，其值以 $[x_{\min}, x_{\max}]$ 的形式给出，类似地还有 YLim 和 ZLim 属性
XScale	x 轴的刻度类型，'linear' 为线性，'log' 为对数，类似地还有 YScale 和 ZScale 属性

执行完例 4-4 的命令后，逐行执行下面的命令将看到对不同属性的设置效果，最终得到如图 4-12 所示的图形。

```
>>set(h4,'pos',[0.1 0.1 0.4 0.4])
>>set(h,'pos',[0 0 560 400])
>>set(h3,'box','off')
>>set(h3,'xgrid','on')
>>set(h3,'gridlinestyle','-')
>>set(h3,'xdir','reverse')
>>set(h3,'xdir','normal')
>>ht3 = get(h3,'title')
>>set(ht3,'string','澳洲人的回旋镖')
>>set(ht3,'rotation',-10)
>>set(ht3,'fontsize',15)
>>set(ht3,'color',[244 29 249]/255)
```

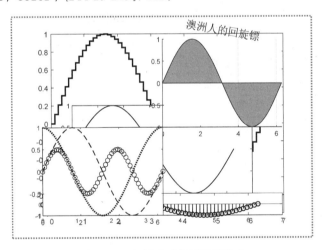

图 4-12　坐标系对象属性的设定

上述命令的前 7 条就已获取的句柄对窗口位置和第 3 幅坐标系的 4 种属性进行了改变，第 8 条命令获取了第 3 幅坐标系的标题句柄放在 ht3 中，然后就从句柄 ht3 入手，对该标题的内容、书写角度、字号和颜色进行了改动。

注意：上面的命令中，把'Position'简写成'pos'，并且没有严格遵守属性名的大小写，这都不影响命令的正确执行。但是使用简洁式的设置命令时，这样随意的做法会出错，不过系统会友好地提出正确的建议命令，纠正字母的大小写。试试下面的命令。

```
>>h4.Position=[0.2 0.3 0.4 0.4];
>>h.Position=[10 10 560 400];
>>h3.Box='off';
>>h3.XGrid='on';
>>h3.GridLineStyle='-';
>>h3.XDir='reverse';
>>h3.XDir='normal';
>>ht3 = get(h3,'title');
>>ht3.String='澳洲人的回旋镖';
>>ht3.Rotation=10;
>>ht3.FontSize=30;
>>ht3.Color=[0 0 255]/255;
```

4.2.3   曲线对象句柄设定

在调用 plot( )函数绘制曲线时可以返回一个句柄，但是要分配一个变量接收它。调用方法为

$$h=plot(x_1, y_1, <选项 1>, x_2, y_2, <选项 2>, \dots)$$

h 就是所绘制曲线的句柄，如果绘制多条曲线，h 就是一个句柄向量。用户可以通过曲线的句柄修改曲线对象的属性。表 4-5 列出了一些曲线对象的常用属性。

表 4-5   曲线对象的常用属性

属 性	说 明
LineStyle	曲线的线型，属性值见表 4-1
LineWidth	曲线的宽度，默认值为 0.5
Marker	曲线上标记的类型，属性值见表 4-3
MarkerSize	曲线上标记的大小，默认值为 6
Color	曲线的颜色，属性值见表 4-2
XData	曲线对象在 x 方向的坐标数据，类似地还有 YData 和 ZData 属性

【例 4-5】曲线对象属性的设定。执行下面的命令，将曲线的句柄放在变量 hc 中，通过句柄将标记增大、线型改为点画线、颜色用 RGB 分量调整、曲线 y 坐标加倍，可以得到如图 4-13 所示的图形。

```
>> subplot(111)
>>t = (0:0.4:2)*pi; y = sin(t);
>>hc = plot(t, y, '-p');
>>axis([0, 2*pi, -2.2, 2.2])
>>yy = get(hc,'YData');
>> hc.MarkerSize = 20;
>> hc.LineStyle = '-.';
>> hc.Color = [69 34 120]/255;
>> hc.YData = yy*2;
```

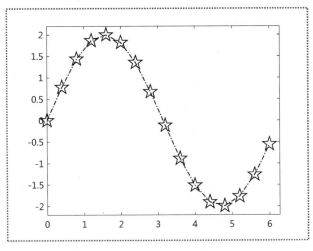

图 4-13 曲线对象属性的设定

4.2.4 字符对象句柄设定

在实现计算数据可视化时，经常需要在图形上添加文字。MATLAB 允许用户在图形窗口上随意添加字符说明，并通过字符对象句柄设定字符的属性。字符对象的常用属性见表 4-6。

表 4-6 字符对象的常用属性

属　　　性	说　　　明
FontName	字体的名称，如'Times New Roman'、'宋体'等
FontSize	字号大小，默认以磅为单位
FontUnits	字号大小的计量单位，'points'为磅数，'inches'为英寸，'centimeters'为厘米，'normalized'为归一值，'pixels'为像素
FontWeight	字体笔画是否加粗，其值可以为'light'、'normal'、'demi'或'bold'，笔画逐渐加粗
Color	字体的颜色，其值是一个 1×3 颜色向量
FontAngle	字体的倾斜形式，'normal'为正常，'italic'为斜体
Rotation	文字行的旋转角度，逆时针为正，单位为度
Editing	是否允许交互式修改，'on'为允许，'off'为不允许
String	构成字符对象的字符串

在例 4-5 的基础上，逐行执行下面的命令，允许用户用十字线光标选定图中适当位置写上"MATLAB 语言"字样，然后将文字内容改为"数据可视化"，字号为 30，倾斜角度+10°，最后将文字置成红色，笔画加粗，字体改为隶书，最终将得到如图 4-14 所示的效果。

```
>>ht = gtext('Matlab 语言');
>>set(ht,'string','数据可视化','fontsize',30,'rotation',10)
>>set(ht,'color','r','fontweight','bold','fontname','隶书')
```

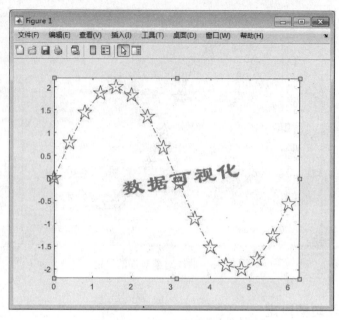

图 4-14　字符对象属性的设定

4.2.5　使用图窗工具设定属性

前面介绍的图形元素属性的设定方法适合于编制到成熟的程序脚本中，在程序运行时就把各种属性自动设定好了。但是经常有这种情形，用户绘制了一幅图形用于报告或者论文，绘制的图形有不尽如人意之处，通过程序语句和句柄来修改很不直观，此时面对生成的图形，可以很直观地使用图窗上方的编辑工具进行属性修改。例如面对图 4-14 所示的图窗，工具条中有一个光标按钮，单击它，便激活了图形窗口中的 axes 对象（可见 axes 四角的小方框，表示激活状态），此时单击鼠标右键，可以拉出一个便捷菜单，如图 4-15 中左边的菜单，可选择其中的颜色、字体、网格等属性进行设置或参数修改，字体中又包括字体、字号、倾斜和加粗等属性。若单击图形中的曲线对象，再击右键，也可弹出一个便捷菜单，如图 4-15 里中间的菜单，可选择其中的线型、线宽、标记、标记大小、颜色等属性进行设置或修改。若选择我们后加的"数据可视化"文本对象，再击右键，也会弹出一个快捷菜单，如图 4-15 里右边的菜单，可选择其中的"编辑"选项进行文字编辑，也可以选择字体、线型、线宽等属性进行修改，对颜色属性的修改有更多选项，如文本颜色、背景颜色、边颜色等。

三个快捷菜单中都有"打开属性检查器"选项，如果选择，将会另行打开一个属性检查器窗口，停靠在图窗一侧，其中把与被激活对象相关的属性都列在窗口里，便于做多项修改，但是目前此窗口还没有充分汉化，启动也比较慢，有时还出现错误，希望将来能进一步完善。如果单击工具条中的"查看"按钮，可打开一个下拉菜单，其中也有"属性检查器"一栏，其作用与前述的三个快捷菜单中看到的"打开属性检查器"相同。

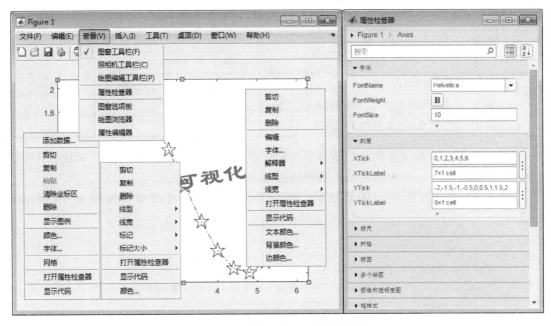

图 4-15　图形窗口中的便捷菜单

4.3　用 MATLAB 绘制多种二维图形

4.3.1　多种二维图形绘制函数

除了 plot( ) 函数外，MATLAB 还提供了非常丰富的具有实际工程意义的二维图形绘制函数，使数据可视化的表现手段更加直观。常用的二维图形绘制函数如表 4-7 所示。

表 4-7　常用的二维图形绘制函数

函　数　名	意　　义	调　用　格　式
bar( )	条形图	bar(x, y)
comet( )	彗星图	comet(x, y)
compass( )	罗盘图	compass(x, y)
contour	等高线图	contour(x, y, z)
errorbar( )	误差限图	errorbar(x, y, l, u)
feather( )	羽毛图	feather(x, y)
fill( )	填色图	fill(x, y, c)
hist( )	直方图	histogram(x, y)
loglog( )	对数图	loglog(x, y)
polar( )	极坐标图	polar(x, y)
quiver( )	箭群图	quiver(x, y)
scatter( )	散点图	scatter(x, y)

续表

函 数 名	意　　义	调用格式
stairs( )	阶梯图	stairs(x, y)
stem( )	火柴杆图	stem(x, y)
semilogx( )	x 轴半对数图，y 轴为线性	semilogx(x, y)
semilogy( )	y 轴半对数图，x 轴为线性	semilogy(x, y)

在表 4-7 中，x 和 y 分别表示横纵坐标绘图数据，z 表示高度数据，l 和 u 分别表示误差图的下限和上限，c 表示二维填色图的颜色选项。

【例 4-6】 二维图形绘制函数举例。执行下面的命令，可以得到如图 4-16 所示的图形。

```
>>x = -2:0.1:2; y = sin(x);
>>subplot(2,2,1), stairs(x, y), title('(a) stairs')
>>subplot(2,2,2), compass(cos(x), y), title('(b) compass')
>>y1 = randn(1, 10000);
>>subplot(2,2,3), hist(y1, 20), title('(c) histogram')
>>subplot(2,2,4),
>>[u, v] = meshgrid(-2:0.2:2, -1:0.15:1);
>>z = u. * exp(-u.^2-v.^2); [px, py] = gradient(z, 0.2, 0.15);
>>contour(u, v, z), hold on
>>quiver(u, v, px, py), hold off, axis image
>>title('(d) quiver')
```

其中 randn(1,10000)是生成 1 行 10 000 列的正态分布伪随机数向量。meshgrid(-2:0.2:2，-1:0.15:1)是产生一个横坐标起始于-2，终止于 2，步距为 0.2 的网格；纵坐标起始于-1，终止于 1，步距为 0.15 的网格。

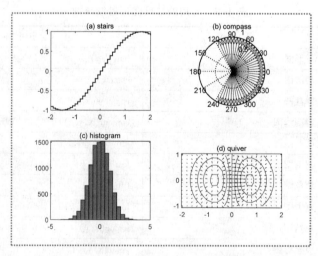

图 4-16　二维图形绘制函数举例

4.3.2　误差限图绘制函数

在实际工程应用中，经常需要观察各种数据相对于理想数据的偏差情况。MATLAB 提供了误差限图绘制函数 errorbar( ) 来完成这个工作。

该函数的调用语法为

```
errorbar(x, y, l, u, <选项>)
```

表示以 x 为横坐标，y 为纵坐标，以 l 为误差下限，u 为误差上限来绘制误差限图。与 plot( ) 函数类似，还可以设置线型和颜色选项，见表 4-1 和表 4-2。

【例 4-7】执行下面的命令，绘制的误差限图如图 4-17 所示。

```
>>x = -2:0.2:2;
>>y = sin(x);
>>L = rand(1, length(x))/10;
>>U = rand(1, length(x))/10
>> clf,errorbar(x, y, L, U, ':')
```

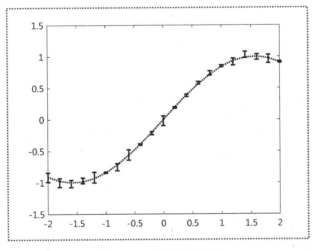

图 4-17　绘制误差限图

4.3.3　复数图绘制函数

用图形表示复数向量，需要从大小和方向两个方面来描述。MATLAB 提供了 compass( ) 和 feather( ) 函数，可以很形象地表示复数向量。compass( ) 函数以复坐标系的原点为起点，绘制出一组带有箭头的复数向量。feather( ) 函数也绘制出一组带有箭头的复数向量，但各个复数的起点却是在水平坐标轴上等间隔分布的。这两个函数的调用语法为：

```
compass(z,<选项>) 或 compass(x,y,<选项>)
feather(z,<选项>) 或 feather(x,y,<选项>)
```

其中，z 是既包含大小又包含方向的复数向量，如 2+3i；x 和 y 分别为复数的实部和虚部。这两个函数还可以通过选项来设置复数图形的线型和颜色，见表 4-1 和表 4-2。

【例 4-8】可以通过执行下面的命令，绘制如图 4-18 所示的复数图。

```
>>z = [2+3i, 2+2i, 1-2i, 4i, -3];
```

```
>>x = [2, 2, 1, 0, -3];
>>y = [3, 2, -2, 4, 0]
>>subplot(1, 2, 1), compass(z, 'r')
>>subplot(1, 2, 2), feather(x, y, 'b')
```

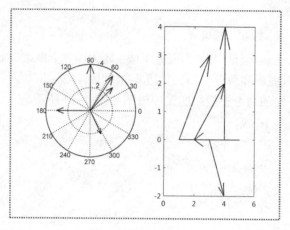

图 4-18　绘制复数图

4.3.4　条形图绘制函数

条形图的绘制函数为 bar( )，其调用语法为

```
bar(x, y, <选项>)
```

将给定的 (x, y) 向量绘制出条形图，为每一个 y 值绘一个条形，可以通过设置选项来控制条形的条面颜色和边线颜色，颜色指定方法见表 4-2。

【例 4-9】执行下面的命令，可以绘制如图 4-19 所示图形。

```
>>x = -pi:0.15:pi; y = sin(x);
>> clf, bar(x, y, 'r', 'edgecolor', 'g');
```

条形图输入参数中默认第一个是条面颜色，后面的选项需要说明属性名。本例第二个选项是边线颜色。图 4-19 中的 y 轴范围经过了调整，以便显示条形的顶部，读者可以试做。

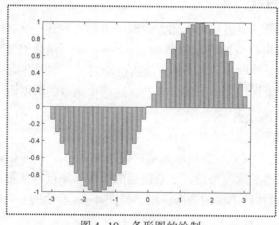

图 4-19　条形图的绘制

在进行实验数据分析时，经常需要绘制数据的直方图。MATLAB 提供了直方图的绘制函数 histogram( )，该函数的调用语法为

```
histogram(y, n)
```

其中 y 为绘制直方图的序列向量，n 为绘制直方图时对 y 的最小值与最大值之间均匀分割的子区间数，默认值是 10，可以通过句柄来设置直方图的条面颜色和边线颜色。

【例 4-10】利用正态分布伪随机数发生函数 randn( ) 生成 20 000 个伪随机数，然后绘制其分布函数的直方图，并与理论正态分布的概率密度函数相比较，如图 4-20 所示。为了便于比较，对直方图采用了 "概率密度函数" 归一化处理，即每个子区间里的计数除以数据总数和子区间宽度，其属性名为 normalization，属性值为 pdf（probability density function）。读者在运行下面的命令时，所得到的并不一定与图 4-20 相同，因为伪随机数样本数有限，每组的分布情况不尽相同，可以多做几次观察变化，也能看到与图 4-20 非常相似的结果。本书对图 4-20 进行了适当处理以适应出版的需要。

```
>>y = randn(1, 20000);  b=(max(y)-min(y))/20;
>>x = (min(y):b:max(y));
>>clf, zz = histogram(y, x, 'normalization','pdf');
>>x1 = (min(y):b/4:max(y)); y1 = 1/sqrt(2*pi)*exp(-x1.^2/2);
>>hold on;
>>plot(x1, y1, '-r');
>>hold off
```

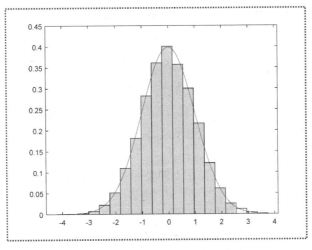

图 4-20　正态分布伪随机函数的直方图

4.3.5　极坐标图绘制函数

除了直角坐标系以外，其他特殊坐标系的图形在工程中也得到广泛的应用。下面分别介绍在极坐标系和对数坐标系下曲线的绘制。绘制极坐标图用 polar( ) 函数，该函数的调用语法为 polar(theta, rho, 选项)，其中，theta 为各个数据点的角度向量，单位为弧度，rho 为各个数据点的幅值向量。可以依照表 4-1 和表 4-2 通过选项来控制图形的线型和颜色。

【**例 4-11**】执行下面的指令，并对图形元素属性进行适当的调整，可以获得如图 4-21 所示的极坐标图。

```
>>theta = 0:0.1:8*pi;
>>polar(theta, cos(4*theta)+1/4);
```

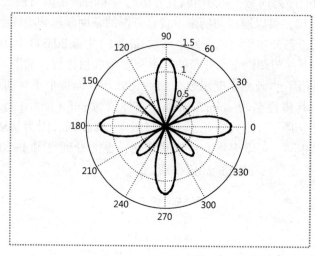

图 4-21　极坐标图的绘制

4.3.6　对数坐标图绘制函数

MATLAB 提供了对数坐标图和半对数坐标图的绘制函数，它们的调用语法分别为

```
h = semilogx(x₁, y₁, <选项1>, x₂, y₂, <选项2>, …)
h = semilogy(x₁, y₁, <选项1>, x₂, y₂, <选项2>, …)
h = loglog(x₁, y₁, <选项1>, x₂, y₂, <选项2>, …)
```

这些函数的参数含义与 plot( ) 函数一样。semilogx( ) 绘制横坐标为对数、纵坐标为线性的半对数坐标图；semilogy( ) 绘制横坐标为线性、纵坐标为对数的半对数坐标图；而 loglog( ) 绘制横纵坐标都为对数的对数坐标图。

【**例 4-12**】执行下面的指令，比较在不同坐标系下图形的特点，如图 4-22 所示。

```
>>theta = (0:0.02:6)*pi;
>>r = cos(theta/3)+11/9;
>> clf
>>subplot(2, 2, 1), polar(theta, r)
>>subplot(2, 2, 2), plot(theta, r)
>>subplot(2, 3, 4), semilogx(theta, r)
>>subplot(2, 3, 5), semilogy(theta, r)
>>subplot(2, 3, 6), loglog(theta, r)
```

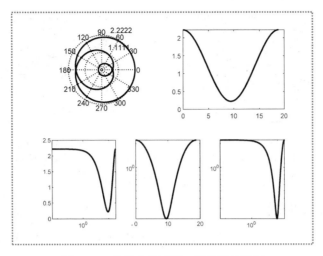

图 4-22　几种坐标系下二维曲线的绘制

4.4　用 MATLAB 绘制三维图形

在科学计算和工程应用中，许多问题都可以抽象为三维空间中的问题，三维图形使计算数据可视化更加直观形象。从 4.0 版本起 MATLAB 对三维图形的绘制作了极大的改进，绘制出的图形上有三个坐标的标尺，而且有多种方式来绘制三维图形，逐年更新的 MATLAB 版本提供了更加强大的三维图形绘制函数和更加丰富的处理手段。

4.4.1　绘制三维曲线图

在绘制二维曲线时，使用 plot( ) 函数。与此类似，在 MATLAB 中用户可以使用 plot3( ) 函数绘制一条三维空间的曲线。该函数的调用语法为

```
plot3(x, y, z, <选项>)
```

plot3( ) 函数的参数含义与 plot( ) 函数相类似，x，y，z 分别存储曲线各点的三个坐标值，是维数相同的向量，可以通过设置选项来控制三维曲线的线型和颜色等属性，其值见表 4-1、表 4-2 和表 4-3。

与二维 comet( )、stem( )、fill( ) 等函数类似，用户还可以用 comet3( ) 绘制三维彗星状图，用 stem3( ) 绘制三维火柴杆图，用 fill3( ) 绘制三维填色图。

【例 4-13】执行下面的命令，plot3( ) 命令绘制的三维曲线如图 4-23 （a）所示，图 4-23 （b）的彗星图产生过程看似彗星核带着慧尾运动。

```
>>t = (-1:0.002:1) * 8 * pi;
>>h = figure(1);
>>h.Position = [100 100 1000 300];
>>subplot(1, 2, 1), plot3(cos(t), sin(t), t, 'b-')
>>subplot(1, 2, 2), comet3(sin(t), cos(t), t)
```

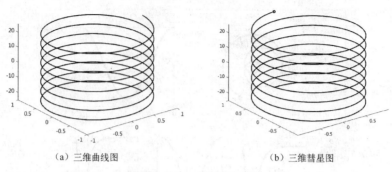

（a）三维曲线图　　　　　　　　　（b）三维彗星图

图 4-23　三维曲线图

4.4.2　绘制标准三维曲面图

MATLAB 提供了球面和柱面等标准的三维曲面绘制函数，使用户可以很方便地得到标准的三维曲面图。

1. 绘制球面

绘制球面的函数是 sphere( )，该函数的调用语法为

```
sphere(n)
```

或

```
[x, y, z] = sphere(n)
```

第一种调用语法直接绘制一个圆心在原点、半径为 1 的单位球面。参数 n 确定了球面绘制的精度，n 值越大。则数据点越多，绘制出的球面就越精确；反之 n 值越小，精度越低，n 的默认值是 20。

【例 4-14】执行下面的命令，绘制标准球面图如图 4-24 所示。

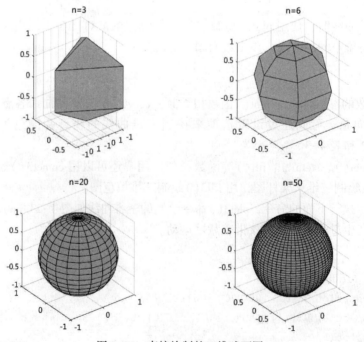

图 4-24　直接绘制的三维球面图

```
>> clf
>>subplot(2,2,1),sphere(3);
>>title('n=3'),axis equal
>>subplot(2,2,2),sphere(6);
>>title('n=6'),axis equal
>>subplot(2,2,3),sphere;            % 默认值 20
>>title('n=20'),axis equal
>>subplot(2,2,4),sphere(50);
>>title('n=50'),axis equal
```

第二种调用语法产生 3 个维数为 $(n+1)\times(n+1)$ 的矩阵 x, y, z, 它们分别表示单位球面上的一系列数据点, 这些矩阵数据, 可以进行一些数学处理, 再由 mesh( ) 命令或 surf( ) 命令来绘制出球面图, 实现平移、缩放等变化。

【例 4-15】用第二种调用语法在同一空间内绘制三个不同的球面。先产生 x、y、z 三组球面坐标, 默认是 21×21 的方阵, 这里指定 31×31。

```
>>[x,y,z] = sphere(30);
```

绘制一个以原点为中心的球面, 以及一个以 $(3,-2,-2)$ 为中心的椭球面。

```
>>figure
>>surf(x,y,z)
>> axis equal,hold on
>>surf(x+3,y-2,z*2-2)
```

再绘制一个以 $(0,1,-3)$ 为中心, 半径放大 50% 的球面。

```
>>surf(x*1.5,y*1.5+1,z*1.5-3)
```

绘制结果见图 4-25。

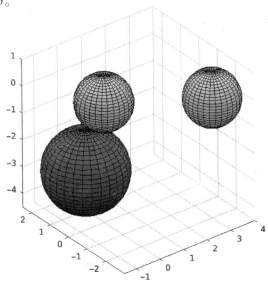

图 4-25　产生数据矩阵后绘制的三维球面图

2. 绘制柱面

绘制柱面的函数是 cylinder( )，与 sphere( ) 函数相仿，该函数有两种调用句法

```
cylinder(R, n)
```

或

```
[x, y, z] = cylinder(R, n)
```

第一种调用语法将直接绘制柱面图，而第二种调用语法只是返回绘制柱面图的 x, y, z 数据矩阵。其中 R 是存放柱面各个层次上半径的向量，默认值为 $R = [1; 1]$；n 是确定柱面绘制精度的参数，默认值也为 20。

【例 4-16】 执行下面的命令，绘制如图 4-26 所示的三维柱面图。

```
t = linspace(pi/2, 3.5 * pi, 50); R = cos(t)+2;
subplot(2, 2, 1)
cylinder(R, 3), title('n=3'), axis square
subplot(2, 2, 2)
cylinder(R, 6), title('n=6'), axis square
subplot(2, 2, 3)
cylinder(R), title('n=20'), axis square
subplot(2, 2, 4)
cylinder(R, 50), title('n=50'), axis square
```

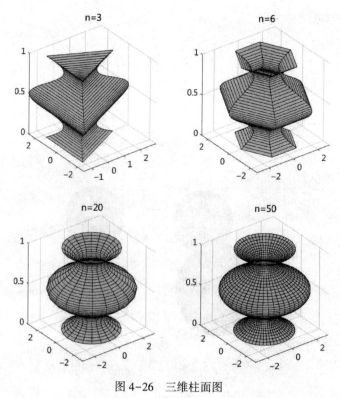

图 4-26　三维柱面图

通过调用 cylinder( ) 函数，用户还可以得到锥面图。如果执行下面的命令，将绘制如图 4-27 所示的三维锥面图。

```
R = [0;5];
cylinder(R,50),title('n=50')
```

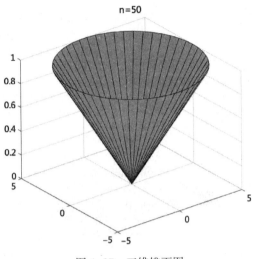

图 4-27　三维锥面图

4.4.3　绘制三维网格图

三维网格图是由一些四边形相互连接在一起所构成的一种曲面。绘制这种网格曲面图时，用户需要知道各个四边形顶点的三维坐标值 (x,y,z)，然后再调用 MATLAB 提供的三维网格图绘制函数 mesh( ) 来绘制。该函数的调用语法为

```
mesh(x,y,z,c)
```

其中 x 和 y 分别为构成该曲面的 x 和 y 矩阵，可以调用 meshgrid( ) 函数生成；z 的数值为相应的垂向坐标，即高度矩阵；c 是颜色矩阵，默认值为 $c=z$，即颜色正比于曲面高度。meshgrid( ) 函数的作用是生成 x 和 y 平面的网格表示，如：

```
meshgrid(-8:0.5:8, -10:0.5:10)
```

表示产生一个网格坐标系，横坐标起始于-8，终止于 8，步距为 0.5；纵坐标起始于-10终止于 10，步距为 0.5 的网格矩阵，各网格节点的横坐标放在一个矩阵中，而纵坐标放在另一个矩阵中，垂向坐标矩阵由所需函数 $z=f(x,y)$ 确定，用 mesh(z) 或 mesh(z,c) 即可将网格图绘出。当网格矩阵明确赋予某两个矩阵变量时，如 x 和 y，则使用 mesh(x,y,z) 或 mesh(x,y,z,c)。

【例 4-17】绘制下面给出的二元函数的网格图。

$$z=\frac{\sin\sqrt{x^2+y^2}}{\sqrt{x^2+y^2}}$$

执行下面的命令，将得到如图 4-28 所示的结果。eps 是 MATLAB 定义的一个很小的非

零常数，其值为 2.2204e-16，它的用途是避开分母中的零值。作为分母的 $\sqrt{x^2+y^2}$ 在 x 和 y 定义的网格中会遇到 x 和 y 皆为零的情况，此时只要让 $\sqrt{x^2+y^2}$ 的值稍稍偏离零点，即可避免无穷大的出现，而此时 x 逼近 $\sin x$，函数 z 的值为 1。

```
[x, y] = meshgrid(-8:0.5:8, -10:0.5:10);
R = sqrt(x.^2+y.^2)+eps;
z = sin(R)./R;
mesh(x ,y, z)
```

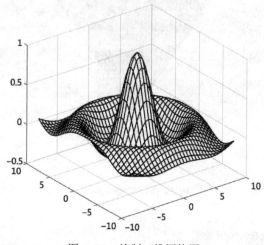

图 4-28　绘制三维网格图

在图 4-28 所示的图形中，被遮挡的部分是看不到的，这也符合人们正常观察三维图形的视觉习惯。如果用户想要观察被遮挡的部分，可以使用 hidden off 命令。在执行完该命令后可以绘制出如图 4-29 所示的三维图形。如果用户想再隐去被遮挡部分，可以使用 hidden on 命令。

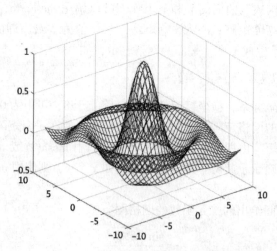

图 4-29　显示遮挡部分的三维网格图

4.4.4　绘制三维曲面图

在用函数 mesh( ) 绘制的三维网格图中，各个小四边形的各条边均以某种颜色绘制，但其内部却无颜色。如果用户想要使各个小四边形的内部也有不同的颜色，可以使用 surf( ) 函数绘图，这就是三维曲面图。该函数的调用语法为

```
surf(x,y,z,c)
```

其参数含义与 mesh( ) 函数一样。执行下面的命令可以绘制如图 4-30 所示的三维曲面图。

```
[x,y] = meshgrid(-8:0.5:8, -10:0.5:10);
R = sqrt(x.^2+y.^2)+eps;
z = sin(R)./R;
surf(x,y,z)
colorbar
```

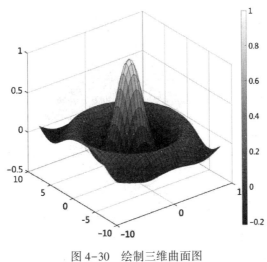

图 4-30　绘制三维曲面图

其中，colorbar 命令的作用是在三维曲面图旁边绘制一个可以指示高度的彩色条，使三维曲面的可读性更强。

三维曲面图也是一个图形对象，用户可以通过它的句柄来设置图形的属性。其常用属性如表 4-8 所示。

表 4-8　三维曲面图的常用属性

属　　性	说　　明
CData	曲面上图案的选项，其值是一个双精度矩阵
EdgeColor	曲面上网格颜色的属性，'none' 为没有网格，'flat' 为网格颜色与表面块一致，'interp' 为插值颜色
FaceColor	表面颜色的属性，'none' 为无颜色，'flat' 为每个块用相同的颜色，'interp' 为插值颜色，'texturemap' 为三维表面的颜色可以由与网格方块不同大小的 CData 矩阵的图案来表示

续表

属　　　性	说　　　明
MeshStyle	曲面上网格方式的属性，'row'为只有横向网格，'column'为只有纵向网格，'both'是默认选项，表示横向和纵向都有网格
XData，YDdata，ZData	用来存放绘制三维曲面所需的 x，y，z 轴坐标数据

执行下面的指令，可以绘制只有横向网格的三维曲面图，如图 4-31 所示。

```
[x, y] = meshgrid(-8:0.5:8, -10:0.5:10);
R = sqrt(x.^2+y.^2)+eps;
z = sin(R)./R;
h = surf(x, y, z)
set(h, 'meshstyle', 'row')
```

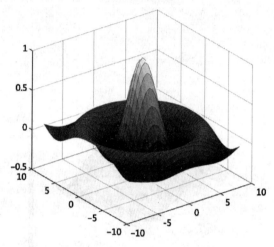

图 4-31　绘制只有横向网格的三维曲面图

4.5　视角变换与三视图

在实际生活中，对同一个三维物体，当在不同的角度对其进行观察时，就会有不同的视觉效果。在屏幕上显示三维图形也是如此，即取不同的视点，就会得到不同的图形。MATLAB 能按照用户设定的任意视角来绘制三维图形，这是一个很重要的功能，它使用户可以更加全面地观察三维图形各个部分的特征。

4.5.1　视角的设定

在 MATLAB 语言中引入两个参数来定义视角，如图 4-32 所示。

① 方位角 α（azimuth）：视点在 x-y 平面上的投影和坐标原点的连线与 y 轴负方向的夹角（右手坐标系）。

② 仰角 β（elevation）：视点和坐标原点的连线与 x-y 平面的夹角。

对 MATLAB 绘制的三维图形，默认的视角为 $\alpha=-37.5°$，$\beta=30°$。用户可以通过 view( )

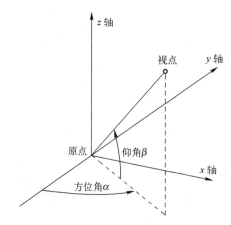

图 4-32　MATLAB 对于三维绘图视角的定义

函数来改变方位角和仰角的值，该函数的调用语法为：

```
view(Az, El)
```

或

```
view([Az, El])
```

或

```
view(T)
```

或

```
view([x y z])
```

其中 Az 和 El 分别为方位角 α 和仰角 β，单位为度，**T** 是一个可以将三维图形投影到二维平面上的 4×4 正交变换矩阵，x，y，z 为视点位置的坐标值。

用户也可以通过调用 view( ) 函数来获得当前的视角数据，其调用语法为：

```
[Az, El] = view
```

或

```
[Az, El] = view(3)
```

或

```
T = view
```

【例 4-18】执行下面的命令，可以将如图 4-33（a）所示的三维图形通过视角变换变成图 4-33（b）。

```
[x, y] = meshgrid(-3:0.1:3, -2:0.1:2);
z = (x.^2-2 * x). * exp(-x.^2-y.^2-x. * y);
h1 = figure(1); set(h1, 'pos', [88 0 1120 1260])
axis([-3 3 -2 2 -0.7 1.5]); surf(x, y, z)
```

```
h2 = figure(2); set(h2, 'pos', [88 0 1120 1260])
figure(2);
axis([-3 3 -2 2 -0.7 1.5]); surf(x, y, z)
view(az+180, el)
```

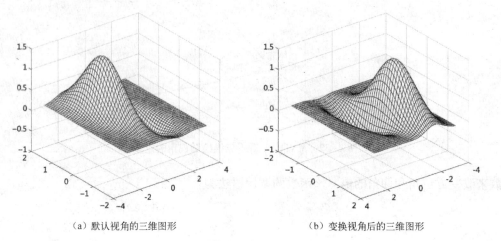

（a）默认视角的三维图形　　　　　　　　　　（b）变换视角后的三维图形

图 4-33　三维图形的视角变换

通过连续的视角变换，可以使三维图形以动画的形式表现出来。例如在例 4-18 的基础上继续执行下面的命令：

```
>>for i = 1:10:360, view(az+i, 30), pause(0.1), end
```

可以获得一小段时间的动画显示。

4.5.2　三维图形的三视图

在机械制图等工程应用中，需要经常绘制物体的三视图，即主视图、侧视图和俯视图。用户通过选择适当的视角，可以很方便地获得三维图形的三视图。具体来说：

① 主视图：选择方位角 $\alpha=0°$，仰角 $\beta=0°$。

② 左视图：选择方位角 $\alpha=-90°$，仰角 $\beta=0°$。

③ 俯视图：选择方位角 $\alpha=0°$，仰角 $\beta=90°$。

【例 4-19】执行下面的命令，可以获得三维图形的三视图，如图 4-34 所示。

```
[x, y] = meshgrid(-3:0.1:3, -2:0.1:2);
z = (x.^2-2*x).*exp(-x.^2-y.^2-x.*y);
axis([-3 3 -2 2 -0.7 1.5])
surf(x, y, z)
subplot(2, 2, 1), surf(x, y, z), view(0, 0)
title('view (0, 0)　主视图')
subplot(2, 2, 2), surf(x, y, z), view (-90, 0)
title('view (-90, 0)　左视图')
subplot(2, 2, 3), surf(x, y, z), view(0, 90)
title('view (0, 90)　俯视图')
```

```
subplot(2,2,4),surf(x,y,z),view(-37.5,30)
title('view(-37.5,30) 默认视角图')
```

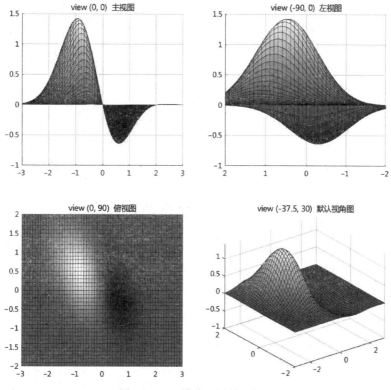

图 4-34　三维曲面图的三视图

　　MATLAB 绘制的三维图形，可以用鼠标进行拖动，连续改变方位角和仰角，实现任意的视角变化。例如用鼠标拖动图 4-33（a）所示的图形进行方位角和仰角的改变，在图 4-35 显示了其连续变化中的某一个视角所见，经函数调用

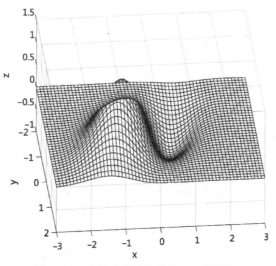

图 4-35　从任意变换的视角看三维图形

```
[Az,El]=view
```

测得 $\alpha=5.7°$，$\beta=-42°$。

4.6 上机实践

1. 程序段一：

```
x=(-6:0.1:6)*pi;y=sin(x)./x;
plot(x,y)
```

程序段二：

```
x=(-6:0.1:6)*pi+eps;y=sin(x)./x;
plot(x,y)
```

执行程序段一和程序段二后，画出的曲线有何区别？为什么？

2. 在同一坐标系下绘制 $y=t^2$、$y=-t^2$、$y=t^2\sin t$ 在 $t\in[0,2\pi]$ 内的曲线图。

3. 对于题 2，选择合适的"曲线线型""曲线颜色""标记符号"选项进一步绘制曲线图，并使用命令行在图形上加注坐标系名和图名。

4. 使用图形窗口的编辑工具对题 3 的属性进行修改。

5. 选取合适的 θ 范围，将同一图形窗口分割成 2 行 2 列绘制下列四幅极坐标图：

① $\rho=1.0013\theta^2$

② $\rho=\cos(3.5\theta)$

③ $\rho=\dfrac{\sin\theta}{\theta}$

④ $\rho=1-\cos^3(7\theta)$

6. 试绘制出

$$z=f(x,y)=\frac{1}{\sqrt{(1-x^2)+y^2}}+\frac{1}{\sqrt{(1+x^2)+y^2}}$$

的三维曲面图和三视图，并用鼠标拖动改变视角，显示其主视图、左视图和俯视图。

7. 用鼠标左键在图形窗口上取 5 个点，在每个点的位置处写出一个字符串来显示鼠标点的横坐标值，然后将这些点连成折线。

8. 假设上一次在 MATLAB 环境下工作时已经产生了 1000 个随机数据，存放在列向量 y 中，采样间隔为 0.01 秒，退出 MATLAB 前曾用 save 命令保存了整个工作空间，试编画图程序，在屏幕的左上 1/4 区域布置图框绘制 y 的波形图，在屏幕的右上 1/4 区域布置图框上半部分绘制 y 的幅频图、下半部分绘制 y 的相频图。提示：此题需要用到函数 fft( )（快速傅里叶变换 fast Fourier transform），请读者自学攻关，其绘图难点在于设定横坐标的频率值。

9. 信号 $y=12\sin2\pi10t+5\cos2\pi40t$ 与随机噪声混合在一起，以采样频率 1000 Hz 采到 1000 个数据，在分辨率 1920×1080 的屏幕左下 1/4 面积布置图框，画时域波形图；在屏幕右下 1/4 面积布置图框，画幅频图。

10. 希望一旦进入 MATLAB 环境，便在屏幕左下角显示出 700 像素宽、600 像素高的 logo 图形，并在其图形适当位置上显示出"欢迎使用 MATLAB"字样，应当如何实现？提示：使用 help startup 查看"用户定义的 MATLAB 启动脚本"。

第5章 用 MATLAB 进行数值运算

5.1 解析运算与数值运算

在学校和研究单位里人们常遇到的是解析运算问题，而在实际的工程技术中，人们一般通过数值解法来获得问题的解。这是因为至少有以下两种情况需要数值解法。

1. 解析解不存在时

在很多情况下，问题的解析解都是不存在的。如圆周率 π 的值就没有解析解，定积分 $\int_a^b e^{-x^2/2} dx$ 在上下限均为有穷时也没有解析解，在这种情况下，就必须采用数值解技术。

2. 解析解存在但不实用时

例如，考虑 n 元一次代数方程组的求解问题，由 Cramer 法则，可以将该问题化简为 n 个 $n-1$ 元一次方程组的解，而每个 $n-1$ 元方程组的解又可以化简为 $n-1$ 个 $n-2$ 元一次方程组求解。从理论上讲，总可以把多元一次方程组简化成解析可解的形式，从而得出结论：n 元一次方程组的解析解是可以求出来的。然而当 n 较大时，需要的基本运算次数是非常惊人的，这时即使用速度极快的计算机工作，都要工作几千年，这对于我们求解实际问题来说是根本不可能的。

目前，数学问题的数值解法已经成功地应用到各个领域，本章将介绍一些经常遇到的数值运算问题，用 MATLAB 进行解析运算的问题将在第 7 章介绍。

5.2 数值线性代数问题及求解

5.2.1 特殊矩阵的 MATLAB 输入

在第 3 章中，曾给出了一些特殊矩阵函数如零矩阵 zeros(m,n)、幺矩阵 ones(m,n)、单位矩阵 eye(m,n)、随机元素矩阵 rand(m,n) 等，其中 m 和 n 分别为矩阵的行数和列数，若使用 zeros(m)，则生成 $m \times m$ 的方阵。

5.2.2 矩阵的特征参数运算

MATLAB 提供了大量的矩阵特征参数求取函数，下面分别加以介绍。

1. 矩阵的行列式

MATLAB 提供了内在函数 det(A)，利用它可以直接求取矩阵 A 的行列式。如：

```
>> A = [1,2,3;4,5,6;7,8,0]; det(A)
ans =
```

27

2. 矩阵的迹

矩阵的迹为该矩阵对角线上各个元素之和，它可以由 MATLAB 函数 trace( ) 求出。如对于上面的矩阵 A，其迹可以由下面的 MATLAB 语句直接求出。

```
>> trace(A)
ans =
      6
```

3. 矩阵的秩

若一个 $n×m$ 矩阵的所有列向量中共有 r 个线性无关，则称矩阵的列秩为 r，若 $r=n$，则称该矩阵为列满秩矩阵。相应地，若该矩阵的行向量中有 s 个是线性无关的，则称该矩阵的行秩为 s。若 $s=n$，则称该矩阵为行满秩矩阵。可以证明，矩阵的行秩和列秩是相等的，都简称为矩阵的秩，可以由 MATLAB 函数 rank( ) 求出。对于上面矩阵 A 的秩，可以由下面的 MATLAB 语句直接求出。

```
>> rank(A)
ans =
      3
```

4. 矩阵的范数

MATLAB 提供了求取矩阵范数的函数 norm( )，允许求各种意义下的矩阵范数。该函数的调用语法为

```
n = norm(A, <选项>)
```

其中允许的选项如表 5-1 所示。这样，矩阵 A 的各种范数可以由下面的 MATLAB 函数直接求出。

```
>> A=[1,2,3;4,5,6;7,8,0];
>> [norm(A),norm(A,2),norm(A,1),norm(A,Inf),norm(A,'fro')]
ans =
    13.2015   13.2015   15.0000   15.0000   14.2829
```

表 5-1 中列出的范数算法是帮助读者理解的，并非计算机内部的实际算法。MATLAB 可以对一个向量求范数，读者可自行查阅。

表 5-1   矩阵范数函数的选项表

选　项	意　义	MATLAB 算法
1	矩阵的 1-范数，即 $\|A\|_1$	$\max(\text{sum}(\text{abs}(A)))$
2（默认）	矩阵的最大奇异值，即 $\|A\|_2$	$\max(\text{svd}(A))$
Inf 或 inf	矩阵的无穷范数，即 $\|A\|_\infty$	$\max(\text{sum}(\text{abs}(A')))$

5. 矩阵的特征多项式、特征方程与特征根

构造一个矩阵 $s\boldsymbol{I}-\boldsymbol{A}$，并求出该矩阵的行列式，则可以得出一个多项式 $C(s)$

$$C(s) = \det(s\boldsymbol{I}-\boldsymbol{A}) = s^n + c_1 s^{n-1} + \cdots + c_{n-1}s + c_n$$

这样的多项式 $C(s)$ 称为矩阵 A 的特征多项式，其中的系数 $c_i, i = 1, 2, \cdots, n$ 称为矩阵的特征多项式系数。

MATLAB 提供了求取矩阵特征多项式系数的函数 $c = \text{poly}(A)$，而返回的 c 为一个行向量，其各个分量为矩阵 A 的降幂排列的特征多项式系数。该函数的另外一种调用语法是：如果给定的 A 为向量，则假定该向量是一个矩阵的特征根，由此求出该矩阵的特征多项式系数；如果向量 A 中有无穷大或 NaN 值，则首先剔除它。

```
>> A=[1,2,3;4,5,6;7,8,0]; B=poly(A)
B =
    1.0000   -6.0000   -72.0000   -27.0000
```

由此可得该矩阵的特征多项式为：$P(s) = s^3 - 6s^2 - 72s - 27$。

令特征多项式等于 0 所构成的方程称为该矩阵的特征方程，而特征方程的根称为该矩阵的特征根。MATLAB 可以用 eig( ) 函数来求特征值；也可以先求出特征多项式系数，再调用函数 roots( ) 而求出特征值。如：

```
>> A=[1,2,3;4,5,9;7,8,6]; eig(A)
ans =
   15.8843
   -0.5026
   -3.3817
>> B=poly(A), roots(B)
B =
    1.0000   -12.0000   -60.0000   -27.0000
ans =
   15.8843
   -3.3817
   -0.5026
```

6. 多项式及多项式矩阵的求值

多项式的求值可以由 polyval( ) 函数直接完成；对于多项式矩阵来说，则可以由 polyvalm( ) 函数来完成。这两个函数的调用语法为

```
B=polyval(aa, x)
```

或

```
B=polyvalm(aa, A)
```

其中 aa 为多项式系数降幂排列构成的向量，即 $aa = [a_1, a_2, \cdots, a_n, a_{n+1}]$，$x$ 为一个给定的标量，而 A 为一个给定的方阵。

当采用命令 B=polyval(aa, x) 时，返回的值 B 为下面多项式的值

$$B = a_1 x^n + a_2 x^{n-1} + \cdots + a_n x + a_{n+1}$$

当采用命令 B=polyvalm(aa, A) 时，返回的矩阵 B 为下面的矩阵多项式的值

$$B = a_1 A^n + a_2 A^{n-1} + \cdots + a_n A + a_{n+1} I$$

```
>> A=[1,2,3;4,5,6;7,8,0]; aa=poly(A),
>> B=polyvalm(aa,A), norm(B)
aa =
    1.0000   -6.0000   -72.0000   -27.0000
B =
1.0e-12 *
   -0.3446   -0.3695   -0.2771
   -0.6963   -0.9273   -0.6395
   -0.6821   -0.8527   -0.5649
ans =
     1.8958e-12
```

处理多项式的函数如表 5-2 所示。

表 5-2　多项式处理函数

poly	特征多项式	conv	卷积和多项式乘法
roots	多项式的根（伴随矩阵法）	deconv	去卷积和多项式除法
polyval	多项式求值	residue	部分分式展开
polyvalm	矩阵多项式求值	polyfit	多项式曲线拟合

5.2.3　矩阵的相似变换与分解

1. 三角形分解

最基本的分解方法可以把任何一个方阵表示成两个三角矩阵的乘积，其中一个方阵是换位的下三角矩阵，另一个是上三角矩阵，这种分解法常称为 LU 分解或 LR 分解，其分解算法多为高斯消去法。

用 lu( ) 函数可得到分解后的两个三角矩阵，这一函数用在 inv( ) 求逆函数和 det( ) 求行列式值的函数中，它也是求解线性方程组和计算矩阵除法的基础。下面将建立一个矩阵 A，来观察 LU 分解 [L U] = lu(A)，并用 L*U 验证。当对 A 矩阵求逆时，采用 X = inv(A)，而实际求逆过程是 X=inv(U)*inv(L)。方阵 A 的行列式值 d=det(A)，也可以用 d=det(L)*det(U)求得，但前者结果为整型数，而后者则经过实型数的三角形分解，得到实型结果。

```
>> A=[1,2,3;4,5,6;7,8,0]; [L,U]=lu(A)
L =
    0.1429    1.0000         0
    0.5714    0.5000    1.0000
    1.0000         0         0
U =
    7.0000    8.0000         0
         0    0.8571    3.0000
         0         0    4.5000
>>L*U
```

```
ans =
     1      2      3
     4      5      6
     7      8      0
>> d1 = det(A), d2 = det(L) * det(U)
d1 =
    27.0000
d2 =
    27.0000
```

2. 正交分解

正交分解也称为 QR 分解，不仅可用于方阵，也可用于行列数不等的矩阵。它将一个矩阵表示成一个正交矩阵和一个上三角矩阵的乘积。例如 A = [1 2 3;4 5 6;7 8 9;10 11 12] 是个非满秩矩阵，中间列是两侧列的平均值，用正交分解法 [Q，R] = qr(A) 可得到正交矩阵 Q 和上三角矩阵 R，试求 $Q * R$ 的积并与 A 进行比较。

```
>> A = [1,2,3；4,5,6；7,8,9；10,11,12]; [Q,R] = qr(A)
Q =
    -0.0776    -0.8331     0.5336     0.1236
    -0.3105    -0.4512    -0.8036     0.2329
    -0.5433    -0.0694     0.0065    -0.8366
    -0.7762     0.3124     0.2636     0.4801
R =

   -12.8841   -14.5916   -16.2992
         0    -1.0413    -2.0826
         0          0    -0.0000
         0          0          0
>> Q *R
ans =
     1.0000     2.0000     3.0000
     4.0000     5.0000     6.0000
     7.0000     8.0000     9.0000
    10.0000    11.0000    12.0000
```

R 的对角线以下的元素当然为 0，但对角线上的元素 $R(3,3)$ 也为 0，表明 R 不满秩，自然由它产生的 A 也不满秩。当线性方程组的方程个数多于未知数的个数时，可用 QR 分解法来求解。下面举例说明。

设 b = [1;3;5;7]，则线性方程组 $Ax = b$ 包括 4 个方程，却只有 3 个未知数，按最小二乘方法求得最佳解的办法是 $x = A \backslash b$，试做并观察结果。

```
>> A = [1,2,3；4,5,6；7,8,9；10,11,12]; [Q,R] = qr(A); b = [1；3；5；7];
>> x = A\b
警告: 秩亏,秩 = 2,tol =  1.459426e-14.
```

```
x =
    0.5000
         0
    0.1667
```

MATLAB 发出不满秩的警告，并用 tol 给出了一个允差值，这是在决定 R 的元素是否可以被忽略时用的。向量 x 是用 QR 分解，经两步求出的，即

```
>>y = Q'*b;
>>x = R\y
```

若用 $A*x$ 验证所求，可发现结果与 b 之差在截尾误差之内。这表明方程组 $Ax=b$ 虽超静定且不满秩，但其中的方程是相容的。本应该有无穷多个向量 x 解，而 QR 分解法恰好找到其中之一。

```
>>A * x-b
ans =
  1.0e-014 *
    0.2442
    0.2665
    0.3553
    0.3553
```

3. 奇异值分解

在此不打算介绍奇异值分解的道理，但可肯定它是进行矩阵分析的有力工具。在 MAT-LAB 中，三变量赋值语句 $[U,S,V] = svd(A)$ 产生了奇异值分解的 3 个因子矩阵，它们的关系是 $A=U*S*V'$，其中 U 和 V 是正交矩阵，而 S 是对角矩阵。单独引用 svd(A) 返回 S 对角矩阵，它是由 A 的奇异值组成的。奇异分解法用来实现一些函数，包括伪求逆函数 pinv(A)、求秩函数 rank(A)、求欧氏范数函数 norm(A,2) 及求矩阵条件数的函数 cond(A)。

4. 特征值

若 A 是个 $n×n$ 的方阵，那么能满足 $Ax=\lambda x$ 的 n 个 λ 值称为 A 的特征值，函数 eig(A) 求出 A 的全部特征值，并放在一个列向量中返回。试做

```
>> A=[0 1; -1 0]; eig(A)
ans =
    0+1.0000i
    0-1.0000i
```

用双变量赋值语句可同时得到特征值和特征向量。

```
>> [X,D]=eig(A)
X =
    0.7071 + 0.0000i    0.7071 + 0.0000i
    0.0000 + 0.7071i    0.0000 - 0.7071i
D =
    0.0000 + 1.0000i    0.0000 + 0.0000i
```

```
   0.0000 + 0.0000i   0.0000 - 1.0000i
```

这里 *D* 的对角元素即是特征值，而 *X* 的每一列即是一个特征向量，满足 **A*X=X*D**。

若 *A* 和 *B* 均为方阵，则函数 eig(A,B) 返回一个广义特征值向量，它满足 $Ax=\lambda Bx$。双变量赋值函数[X,D] = eig(A,B) 产生一个由广义特征值组成的对角矩阵 *D* 和一个以特征向量为列的矩阵 *X*，满足 **A *X = B *X *D**。

5.3　数值积分与数值微分

积分与微分问题普遍存在于科学研究之中，按照问题的已知条件和求解的要求可以将这些问题分为以下三类。

第一类问题：已知条件和求解要求都是数值型的。

第二类问题：已知条件是解析型的，求解要求是数值型的。

第三类问题：已知条件和求解要求都是解析型的。

在本节中我们将介绍第一类和第二类问题，第三类问题在 MATLAB 中需要用符号运算工具箱来解决，将在第 7 章中介绍。

5.3.1　数值差分运算

在遇到第二类问题的差分运算时，如果按照给定的自变量数值序列和解析式就可以计算出数值型的函数值，则问题转化为第一类问题。

对于第一类问题，MATLAB 语言提供了计算给定向量差分的函数 diff( )，其调用方法是 dy= diff(y)。假设向量 y 是由 $\{y_i\}, i=1,2,\cdots,n$ 构成的，则经 diff( ) 函数处理后将得出一个新的向量：$\{y_{i+1}-y_i\}, i=1,2,\cdots,n-1$，显然新得出的向量长度比原向量 y 的长度小 1。如：

```
>> v =vander(1:6)
v =
        1       1       1       1       1       1
       32      16       8       4       2       1
      243      81      27       9       3       1
     1024     256      64      16       4       1
     3125     625     125      25       5       1
     7776    1296     216      36       6       1
>> diff(v)
ans =
       31      15       7       3       1       0
      211      65      19       5       1       0
      781     175      37       7       1       0
     2101     369      61       9       1       0
     4651     671      91      11       1       0
```

可见，diff( ) 函数对矩阵的每一列都进行差分运算，故而结果矩阵的列数是不变的，但行数减 1。

　　MATLAB 语言提供的 gradient( ) 函数可以直接用来求取一个矩阵的二维差分，该函数的调用语法为

```
[dx,dy]=gradient(A)
```

如下例，先设置格式 short G，以便显示整数解。

```
>> v=vander(1:6), format short G, [dx,dy]=gradient(v)
v =
       1       1       1       1       1       1
      32      16       8       4       2       1
     243      81      27       9       3       1
    1024     256      64      16       4       1
    3125     625     125      25       5       1
    7776    1296     216      36       6       1
dx =
       0       0       0       0       0       0
     -16     -12      -6      -3    -1.5      -1
    -162    -108     -36     -12      -4      -2
    -768    -480    -120     -30    -7.5      -3
   -2500   -1500    -300     -60     -12      -4
   -6480   -3780    -630    -105   -17.5      -5
dy =
      31      15       7       3       1       0
     121      40      13       4       1       0
     496     120      28       6       1       0
    1441     272      49       8       1       0
    3376     520      76      10       1       0
    4651     671      91      11       1       0
```

5.3.2　第一类问题的数值积分

　　求解函数定积分的数值方法是多种多样的，如简单的梯形法是经常采用的方法。其基本思想是将整个积分区间分割成若干个子区间，而每个子区间上的函数值可求，因而整个区间的函数积分可求。

　　自变量间距等宽时求定积分的梯形法可用 $q = \text{trapz}(y)$，q 是自变量间距为 1 的定积分值。如果用 $q = \text{cumtrapz}(y)$，则 q 是自变量间距为 1 的累加定积分值序列。

```
>> y=1:10; q=trapz(y)
q =
       49.5
>> y=1:10; q=cumtrapz(y)
q =
       0     1.5       4     7.5      12    17.5      24    31.5      40    49.5
```

当等宽间距不等于 1 时，可用 $q = \text{trapz}(\Delta x, y)$，$\Delta x$ 是等宽间距值。如果用 $q = \text{trapz}(x, y)$，x 是和 y 长度相等的自变量序列，则可计算不等宽间距的定积分。

```
>>y=1:10; q=cumtrapz(0.5,y)
q =
     0    0.75    2    3.75    6    8.75    12    15.75    20    24.75
>>x=[1,1.2,1.5,1.6,1.8,1.9,2.2,2.3,2.6,3]; y=1:10; q=cumtrapz(x,y)
q =
     0    0.3    1.05    1.4    2.3    2.85    4.8    5.55    8.1    11.9
```

5.3.3 第二类问题的数值积分

这类问题的特点是被积函数为解析型，MATLAB R2019b 版中，采用函数句柄形式的全局自适应积分方法，给出了 integral( ) 函数来求定积分。下面通过例子来说明其用法。例如，对于函数

$$\text{humps}(x) = \frac{1}{(x-0.3)^2 + 0.01} + \frac{1}{(x-0.9)^2 + 0.04} - 6$$

可编写名为 humps.m 的 M 文件，内容是

```
function y=humps(x)
y=1./((x-.3).^2+0.01)+1./((x-.9).^2+0.04)-6;
```

该函数的图像如图 5-1 所示，生成方法如下：

```
x=-1:0.01:2;
plot(x, humps(x))
```

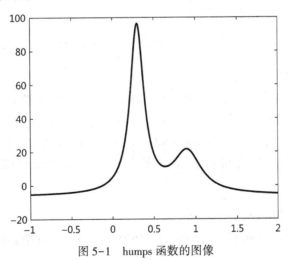

图 5-1 humps 函数的图像

若要求 humps 从 0 到 1 的积分，可使用下面的命令：

```
>>q=integral(@humps,0,1)
q =
29.8583
```

也可通过句柄形式函数的设定，得到积分值：

```
>>funcy=@(x) 1./((x-.3).^2+0.01)+1./((x-.9).^2+0.04)-6;
>>q=integral(funcy,0,1)
q =
    29.8583
```

甚至只用一行命令即可求出积分值

```
>> q=integral(@(x) 1./((x-.3).^2+0.01)+1./((x-.9).^2+0.04)-6,0,1)
q =
    29.8583
```

小结一下 integral( ) 的调用语法，应为

```
q = integral(fun,xmin,xmax)
```

或

```
q = integral(fun,xmin,xmax,Name,Value)
```

即<输出变量> =integral(<被积函数句柄>,<积分下限>,<积分上限>,<选项名>,<选项值>)。
用前面的例子已经介绍了被积函数的三种形式，即

（1）函数文件式：@ <被积函数的 M 文件名>。如前面引用的 humps.m 文件

```
q=integral(@humps,0,1).
```

（2）函数句柄式：<被积函数句柄>。如前面引用的句柄 funcy

```
funcy=@(x) 1./((x-.3).^2+0.01)+1./((x-.9).^2+0.04)-6;
q=integral(funcy,0,1).
```

（3）直接引用式：@ (<被积函数的自变量>)<被积函数的表达式>。如前面直接引用的

```
q=integral(@(x) 1./((x-.3).^2+0.01)+1./((x-.9).^2+0.04)-6,0,1).
```

<选项名>和<选项值>必须成对指定，也可以不指定，如果不指定<选项名>和<选项值>，
将采用全局自适应积分默认的误差容限。<选项名>可选'RelTol'或'AbsTol'，即选用相对容差
（relative tolerance）或绝对容差（absolute tolerance），相对容差的默认值是 10^{-6}，绝对容差
的默认值是 10^{-10}。下面的语句将要设定变步长积分用的相对误差限，其数值 10^{-4}，
即 0.01%：

```
q=integral(fun, a, b,'Reltol',1.e-4)
```

MATLAB 中常见的一元函数数值积分指令如表 5-3 所示，首选 integral 指令。

表 5-3　常见的一元函数数值积分指令

integral	全局自适应定积分	trapz	梯形法数值定积分
quadgk	自适应高斯－勒让德定积分	cumtrapz	累积梯形法数值定积分
sum	单位间距矩形法定积分	polyint	多项式积分

用 integral 指令求下面的广义积分

$$\frac{1}{\sqrt{2\pi}}\int_{-\infty}^{\infty}e^{-x^2/2}dx$$

```
>> q=integral(@(x)1/sqrt(2*pi)*exp(-x.^2/2),-inf,inf)
q =
    1.0000
```

可以看出，采用被积函数句柄形式描述非常便捷，这样做可以避免建立附加的 M 函数文件。

MATLAB 还提供了双重定积分的数值解以解决下面问题：

$$I=\int_{y_{min}}^{y_{max}}\int_{x_{min}}^{x_{max}}f(x,y)\,dxdy$$

该函数的调用语法为

```
q = integral2(fun,x_min,x_max,y_min,y_max,Name,Value)
```

与前面所述类似，fun 为被积函数句柄，x_{min}，x_{max}，y_{min}，y_{max} 分别为积分变量的上下限，Name，Value 分别表示精度类型及精度设定值，如：'AbsTol', 1e-12。

对于更一般的双重积分问题：

$$I=\int_{y_m}^{y_M}\int_{x_m(y)}^{x_M(y)}f(x,y)\,dxdy$$

可以从 MathWorks 公司的网站上免费下载数值积分工具箱（NIT）或从 MATLAB 帮助文件中寻找函数 quad2d 来进行求解。寻找路径为：帮助→文档→MATLAB→数学→数值积分和微分方程→数值积分和微分→函数。可见到 integral2 和 quad2d 等二重积分函数，还可以看到下面将要介绍的 integral3 函数。

对于三重定积分

$$I=\int_{z_{min}}^{z_{max}}\int_{y_{min}}^{y_{max}}\int_{x_{min}}^{x_{max}}f(x,y,z)\,dxdydz$$

可以使用 MATLAB 提供的函数 integral3( ) 进行求解。其调用语法为

```
q= integral3(<函数名>,x_min,x_max,y_min,y_max,z_min,z_max,Name,Value)
```

5.4　常微分方程的数值解法

5.4.1　一般常微分方程的数值解法

通常把含有自变量 t、未知的一元函数 $x(t)$ 及其导数或微分的方程，叫作常微分方程（ordinary differential equations，ODE）。常微分方程的求解问题可分为初值问题和边值问题。相对而言，解决边值问题的难度更大。MATLAB 由 6.0 版起，提供了求解广义微分方程初值问题和一般边值问题所需的完整指令组。本节仅介绍求解基本的初值问题。

假设一阶常微分方程组由下式给出

$$\dot{x}_i=f_i(t,x)\,,\ i=1,2,\cdots,n$$

其中，x 为状态变量 x_i 构成的向量，即 $x = [x_1, x_2, \cdots, x_n]^T$，称为系统的状态向量，$n$ 称为系统的阶次，而 $f_i(\cdot)$ 为任意非线性函数，t 为时间变量，这样就可以采用数值方法在初值 $x(0)$ 之下求解常微分方程组。

　　求解常微分方程组的数值方法是多种多样的，如常用的 Euler 法、Runge-Kutta 法、Adams 线性多步法、Gear 法等。如需要求解隐式常微分方程组和含有代数约束的微分代数方程组时，则需要对方程进行相应的变换，才能进行求解。

　　MATLAB 求解常微分方程的函数如表 5-4 所示。

表 5-4　求解常微分方程的函数

ode23	低阶法解非刚性微分方程	ode45	中阶法解非刚性微分方程
ode113	变阶法解非刚性微分方程	ode23t	梯形法解适度刚性 ODE 和 DAE（微分代数方程）
ode15s	变阶法解刚性微分方程和 DAE	ode23s, ode23tb	低阶法解刚性微分方程

　　其中 ode23( ) 和 ode45( ) 这两个函数比较常用，它们采用自适应变步长的求解方法，调用语法分别为

　　　　[t,x]=ode23(<常微分方程函数句柄>,<时间跨度>,<初值>,<选项>)

或

　　　　[t,x]=ode23(<常微分方程函数名>,<时间跨度>,<初值>,<选项>)

以及

　　　　[t,x]=ode45(<常微分方程函数句柄>,<时间跨度>,<初值>,<选项>)

或

　　　　[t,x]=ode45(<常微分方程函数名>,<时间跨度>,<初值>,<选项>)

其中，<选项>可以通过 odeset( ) 和 odeget( ) 函数来设置，该选项一般可以省略。常微分方程函数名为描述系统状态方程的 M 函数的名称，该函数名应该用引号括起来；或采用句柄形式，即@后面紧接常微分方程函数的名称。时间跨度是一个向量，用 $[t0, tf]$ 分别指定的起始和终止计算时间，也可以是一个不等间距的时间向量。初值是指系统的初始状态变量的值。函数返回的两个变量中，t 为求解的时间变量，注意 t 不一定是等间隔的；另一个变量 x 为状态变量在各个时刻所组成的列向量构成的矩阵转置。

　　这里要用到的方程函数名的编写语法是固定的，如果没有按照语法去编写，则将得出错误的求解结果。方程函数的编写语法为

　　　　function xdot=方程函数名(t,x)

　　其中，t 为时间变量，x 为方程的状态变量，而 $xdot$ 为状态变量的导数。注意，即使微分方程是非时变的，也应该在函数输入变量列表中写上 t 占位。可见，如果想编写这样的函数，首先必须已知原系统的状态方程模型。

【例 5-1】解 Lorenz 模型状态方程。
$$\begin{cases} \dot{x}_1(t) = -8x_1(t)/3 + x_2(t)x_3(t) \\ \dot{x}_2(t) = -10x_2(t) + 10x_3(t) \\ \dot{x}_3(t) = -x_1(t)x_2(t) + 28x_2(t) - x_3(t) \end{cases}$$

若令其初值为 $x(0) = [0;\ 0;\ 1e-10]$，则可以按下面的语法编写出一个 MATLAB 函数 lorenzeq.m 来描述系统的动态模型，其内容为

```
function xdot = lorenzeq(t,x)
xdot = [-8/3*x(1)+x(2)*x(3);
        -10*x(2)+10*x(3);
        -x(1)*x(2)+28*x(2)-x(3)];
```

这时可以调用微分方程数值解 ode45( ) 函数对 lorenzeq( ) 函数描述的系统进行数值求解，并将结果进行图形显示。编写一个程序脚本文件 lorenztest.m，内容如下，其中第 3 行和第 4 行都是正确的调用语法，可以选用任意一个。

```
t_final=100;
x0=[0; 0; 1e-10];
[t,x]=ode45('lorenzeq',[0, t_final], x0);    % 用函数文件名形式引入微分方程
% [t,x]=ode45(@lorenzeq,[0, t_final], x0);   % 用句柄形式引入微分方程
figure(1); set(gcf,'position', [7 225 780 540])
plot(t,x),
figure(2); set(gcf,'position', [803 225 780 540])
plot3(x(:,1), x(:,2), x(:,3));
axis([10 40 -20 20 -20 20])
```

其中，t_final 为设定的仿真终止时间。第一个绘图命令绘制出系统的各个状态和时间关系的二维曲线图，如图 5-2（a）所示。第二个绘图命令绘制出系统的 3 个状态的相空间曲线，如图 5-2（b）所示。

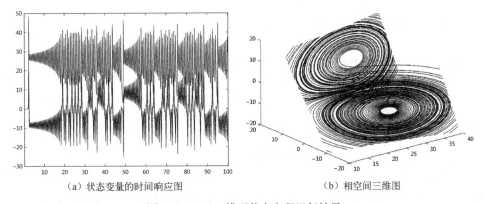

（a）状态变量的时间响应图　　　　（b）相空间三维图

图 5-2　Lorenz 模型状态方程运行结果

5.4.2　常微分方程组的变换与技巧

如果常微分方程由一个或多个高阶常微分方程给出，要得出相应的数值解，则应该先将

给出的方程变换为一阶常微分方程组。

1. 单个高阶常微分方程处理方法

假设一个高阶常微分方程的一般形式为

$$y^{(n)} = f(t, y, \dot{y}, \cdots, y^{(n-1)})$$

且已知输出变量 $y(t)$ 的各阶导数初始值为 $y(0), \dot{y}(0), \cdots, y^{(n-1)}(0)$，则可以选择一组状态变量 $x_1 = y$，$x_2 = \dot{y}$，$\cdots$，$x_n = y^{(n-1)}$，这样，我们可以将原高阶方程变换成下面的一阶方程组形式：

$$\begin{cases} \dot{x}_1 = x_2 \\ \dot{x}_2 = x_3 \\ \quad\vdots \\ \dot{x}_n = f(t, x_1, x_2, \cdots, x_n) \end{cases}$$

且初值 $x_1(0) = y(0)$，$x_2(0) = \dot{y}(0)$，$\cdots$，$x_n(0) = y^{(n-1)}(0)$。这样变换后就可以直接求取原方程的数值解了。

2. 高阶常微分方程组的变换方法

这里以两个高阶微分方程构成的微分方程组为例介绍如何将之变换成一个一阶常微分方程组。如果可以显式地将两个方程写成

$$\begin{cases} x^{(m)} = f(t, x, \dot{x}, \cdots, x^{(m-1)}, y, \cdots, y^{(n-1)}) \\ y^{(n)} = g(t, x, \dot{x}, \cdots, x^{(m-1)}, y, \cdots, y^{(n-1)}) \end{cases}$$

选择状态变量 $x_1 = x$，$x_2 = \dot{x}$，$\cdots$，$x_m = x^{(m-1)}$，$x_{m+1} = y$，$x_{m+2} = \dot{y}$，$\cdots$，$x_{m+n} = y^{(n-1)}$，则可以将原方程变换为

$$\begin{cases} \dot{x}_1 = x_2 \\ \quad\vdots \\ \dot{x}_m = f(t, x_1, x_2, \cdots, x_{m+n}) \\ \dot{x}_{m+1} = x_{m+2} \\ \quad\vdots \\ \dot{x}_{m+n} = g(t, x_1, x_2, \cdots, x_{m+n}) \end{cases}$$

然后再对初值进行相应的变换，就可以得出所期望的一阶微分方程组了。

【例 5-2】考察二阶微分方程

$$\ddot{x} + (x^2 - 1)\dot{x} + x = 0$$

选择状态变量 $x_1 = x$，$x_2 = \dot{x}$，则原二阶微分方程可改写成两个一阶微分方程

$$\begin{cases} \dot{x}_1 = x_2 \\ \dot{x}_2 = (1 - x_1^2)x_2 - x_1 \end{cases}$$

模拟这个系统的第一步是建立微分方程的 M 文件，随意取名作 difeq.m，它的内容是

```
function xdot=difeq(t,x);
xdot=zeros(2,1);
xdot(1)=x(2);
xdot(2)=(1-x(1).^2).*x(2)-x(1);
```

为了在 $0 \leqslant t \leqslant 20$ 的范围内模拟该微分方程，可使用 ode23 函数求解，得到的状态变量时间响应图如图 5-3 所示，实线为 $x(t)$ 的图像，虚线为 $\dot{x}(t)$ 的图像。

```
t0 = 0; tf = 20;
x0 = [0.25 0];   % Initial conditions
[t,x] = ode23('difeq',[t0,tf],x0);
plot(t,x)
```

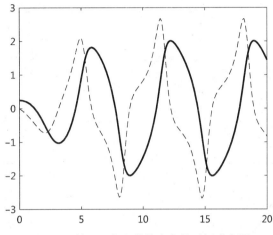

图 5-3　例 5-2 方程的状态变量时间响应图

【例 5-3】 一质量为 M 的质点以 1 m/s 的初速度到达液体表面并沉入液体，下沉时液体的反作用力 F 与下沉的速度成正比，即 $F = k\dot{x}$，如图 5-4 所示。若 $M = 1$ kg，$g = 9.81$ m/s^2，$k = 10$ Ns/m，求 1 s 内该质点的运动规律，在一幅图的上下两部分分别画出其位移和速度对时间的曲线。

解：由于质点的位移和速度分别用 x 和 $\dot{x}$ 表示，所以对该问题建模可得方程：

$$M\ddot{x} = Mg - k\dot{x}$$

即

$$\ddot{x} = g - \frac{k}{M}\dot{x}$$

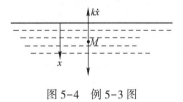

图 5-4　例 5-3 图

选择状态变量 $x_1 = x$，$x_2 = \dot{x}$，则原二阶微分方程可改写成两个一阶微分方程

$$\begin{cases} \dot{x}_1 = x_2 \\ \dot{x}_2 = g - \dfrac{k}{M}x_2 \end{cases}$$

因此可编制主程序和函数子程序如下。
主程序：

```
x0 = [0;1];
[t,x] = ode45('sink',[0,1],x0);
subplot(211),plot(t,x(:,1));
subplot(212),plot(t,x(:,2));
```

子程序：sink.m

```
function dx=sink(t,x)
M=1; g=9.81; k=10;
dx=[x(2);
g-k/M*x(2)];
```

该程序运行的结果如图 5-5 所示。

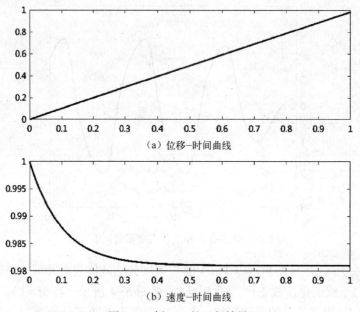

（a）位移-时间曲线

（b）速度-时间曲线

图 5-5   例 5-3 的运行结果

【例 5-4】 解微分方程

$$\dddot{y}=(\ddot{y}-1)^2-\dot{y}-y^2;\ t\in[0,20];\ y(0)=0;\ \dot{y}(0)=1;\ \ddot{y}(0)=-1$$

解：选择状态变量 $x_1=y$，$x_2=\dot{y}$，$x_3=\ddot{y}$，则原三阶微分方程可改写成三个一阶微分方程

$$\begin{cases} \dot{x}_1=x_2 \\ \dot{x}_2=x_3 \\ \dot{x}_3=(x_3-1)^2-x_2-x_1^2 \end{cases}$$

故主程序和函数程序可分别编制如下。

主程序：

```
y0=[0;1;-1];
[t,y]=ode45('myfun',[0,20],y0);
plot(t,y)
```

函数文件名：myfun. m。

函数程序：

```
functiondx=myfun(t,x);
dx=[x(2); x(3); (x(3)-1).^2-x(2)-x(1).^2];
```

运行结果如图 5-6 所示,图中实线为 $y(t)$ 曲线,虚线为 $\dot{y}(t)$ 曲线,点划线为 $\ddot{y}(t)$ 曲线。

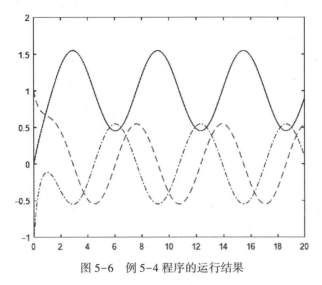

图 5-6　例 5-4 程序的运行结果

5.5　数据插值与统计分析

5.5.1　一维数据的插值拟合

设 $f(x)$ 是一维给定函数,由已知点的信息获得该函数在其他点上值的方法称为函数的插值。如果在这些给定点的范围内进行插值,则称为内插,否则称为外插。

MATLAB 语言中提供了若干个插值函数,如一维插值函数 interp1( ),多项式拟合函数 polyfit( )等,下面分别介绍。

1. 一维插值问题 interp1( )

该函数的调用语法为

```
y₁=interp1(x,y,x₁,<插值方法>)
```

其中, x 和 y 两个向量分别表示给定的一组自变量和函数值数据, x_1 为一组新的插值点,而得出的 y_1 是在这一组插值点处的插值结果。插值方法可以选 'linear'(线性的,默认值)、'cubic'(三次的) 和'spline'(样条型) 等。

2. 多项式拟合函数 polyfit( )

该函数可以对给定已知点数据进行多项式拟合,该函数的调用语法为

```
p=polyfit(x,y,n)
```

其中, x 和 y 两个向量分别表示给定的一组自变量和函数值数据, n 为预期的多项式阶次,返回的 p 为插值多项式系数,按降幂排列。

【例 5-5】已知某压力传感器的标定数据如表 5-5 所示, p 为压力值, u 为电压值,试用多项式

$$u = ap^3 + bp^2 + cp + d$$

拟合其特性函数，求出 a、b、c 和 d，把拟合曲线和各个标定点画在同一幅图上，并在图中空白处标注当天的日期。

表 5-5　某压力传感器的标定数据

p	0.0	1.1	2.1	2.8	4.2	5.0	6.1	6.9	8.1	9.0	9.9
u	10	11	13	14	17	18	22	24	29	34	39

解： 将压力视为自变量，电压视为函数，可以用多项式拟合函数来求解该问题。现编程如下：

```
p=[0, 1.1, 2.1, 2.8, 4.2, 5, 6.1, 6.9, 8.1, 9, 9.9];
u=[10, 11, 13, 14, 17, 18, 22, 24, 29, 34, 39];
A=polyfit(p,u,3);                    % A 中存放 4 个系数
a=A(1), b=A(2), c=A(3), d=A(4)       % 显示 a、b、c、d
p1=0:.01:10; u1=polyval(A,p1);       % 按系数计算拟合函数的一系列点
plot(p1, u1, p, u, 'o')              % 画出拟合曲线和测试点
gtext(datestr(now))
```

该程序的运行结果为：

```
a =
    0.0195
b =
   -0.0412
c =
    1.4469
d =
    9.8267
```

画出的拟合曲线和测试点如图 5-7 所示。

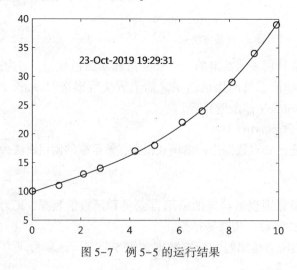

图 5-7　例 5-5 的运行结果

5.5.2　二维数据的插值拟合

MATLAB 提供了二维插值函数 interp2()，该函数的调用语法为

$$z_1 = \text{interp2}(x_0, y_0, z_0, x_1, y_1, <插值方法>)$$

其中 x_0，y_0，z_0 为已知的数据，而 x_1，y_1 为插值点构成的新的网格参数，返回的 z_1 为函数在插值网格点处的近似值。

注意：如果已知数据不是以网格形式给出的，则该函数无能为力。

5.5.3　数据分析与统计处理

MATLAB 提供了一组基本数据分析函数，内容如表 5-6 所示。

表 5-6　基本数据分析函数

max	最大值	prod	连乘积
min	最小值	cumsum	累加和
mean	平均值	diff	有限差分导数
median	中值	hist	直方图
std	标准偏差	corrcoef	相关系数
sort	排序	cov	协方差矩阵
sum	求和	cplxpair	将复数按共轭对排序

不论对行向量或列向量，上述函数都按向量长度处理，而对于矩阵按列处理。以 max 函数为例，其调用语法为

$$[x, i] = \text{max}(V)$$

若作用于矩阵，则把各列的最大值求出，置于一行向量 x 中；而 i 为各列最大值所在位置的行号构成的向量。如：

```
>> A=magic(8)
A =
    64     2     3    61    60     6     7    57
     9    55    54    12    13    51    50    16
    17    47    46    20    21    43    42    24
    40    26    27    37    36    30    31    33
    32    34    35    29    28    38    39    25
    41    23    22    44    45    19    18    48
    49    15    14    52    53    11    10    56
     8    58    59     5     4    62    63     1
>> [x,i]=max(A)
x =
    64    58    59    61    60    62    63    57
i =
     1     8     8     1     1     8     8     1
```

```
>> max(max(A))
ans =
    64
```

5.6　优化

　　优化计算已经发展了几十年，在最经典的单纯形法、最速下降法等基础上，发展了很多综合性的优化方法，MATLAB 的优化工具箱一直处于在役状态，即便不安装优化工具箱，用户也能使用方便的优化计算函数。MATLAB 提供的优化计算内容包括求单变量或多变量函数的最小值、求最小二乘的非负解以及求非线性函数的根。

　　MATLAB 提供了三种优化器和一种求解器，即：

　　（1）有界优化器，用于求解非线性单目标函数在定区间上的最小值，函数是 fminbnd；

　　（2）无界优化器，使用无导数法求解无约束的多变量函数的最小值，函数是 fminsearch；

　　（3）最小二乘优化器，求解线性最小二乘问题的非负解，函数是 lsqnonneg；

　　（4）方程求解器，求解非线性标量函数的实根，函数是 fzero。

　　此外，MATLAB 还提供了函数 optimset，用于设置优化计算的控制选项。

5.6.1　有界优化器

　　有界优化器的调用语法为

```
x = fminbnd(fun,x₁,x₂)
```

其中 x、x_1 和 x_2 为有限标量，且 $x_1 < x < x_2$，fun 为计算标量的函数。

　　【例 5-6】求 $\sin(x)$ 函数在 $0 < x < 2\pi$ 范围内具有最小值的点。

```
fun = @sin;
x1 = 0;
x2 = 2*pi;
x = fminbnd(fun,x1,x2)
x = 4.7124
```

为了显示求解精度，将此值与正确值 $x = (3/2)\pi$ 相比较。

```
>>disp(num2str(3*pi/2))
4.7124
```

有界优化器的调用语法中可以加上选项，如

```
x = fminbnd(fun,x₁,x₂,options)
```

　　在前面运行的基础上键入以下命令可以得到每次迭代的信息，其中的 procedure 表示该次迭代使用的算法，golden 表示黄金分割法，parabolic 表示抛物线插值法。

```
>>options = optimset('Display','iter'); x = fminbnd(fun,x1,x2,options)
```

```
Func-count      x           f(x)        Procedure
   1         2.39996      0.67549       initial
   2         3.88322     -0.67549        golden
   3         4.79993     -0.996171       golden
   4         5.08984     -0.929607      parabolic
   5         4.70582     -0.999978      parabolic
   6         4.7118          -1         parabolic
   7         4.71239         -1         parabolic
   8         4.71236         -1         parabolic
   9         4.71242         -1         parabolic
Optimization terminated:
the current x satisfies the termination criteria using OPTIONS.TolX of
1.000000e-04
x = 4.7124
```

如果在前面运行的基础上键入以下命令可以得到每次迭代数值的图形描述，如图 5-8 所示。

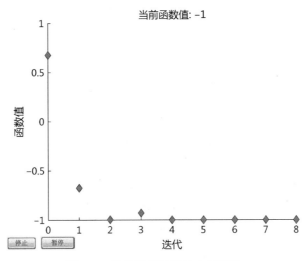

图 5-8 优化迭代过程的中间结果

```
>> options = optimset('PlotFcns',@optimplotfval); x = fminbnd(fun,x1,x2,op-
tions)
```

5.6.2 无界优化器

无界优化器的调用语法为

```
x = fminsearch(fun, x₀)
```

其中 x 为向量或矩阵，fun 为计算标量的函数。

【例 5-7】计算 Rosenbrock 函数的最小值。Rosenbrock 函数是最经典的优化算法测试函数，函数曲面形状如一条狭长海沟，底部细长平缓，隐藏着数个凹坑。一般的优化器很容易找到海沟的底部，但是也很容易被困在某一个并非最低的凹坑里，失去了找到全局最低点的机会。Rosenbrock 函数的表达式为

$$f(x) = 100\,(x_1^2 - x_2)^2 + (1 - x_1)^2$$

图 5-9 所示为其三维曲面图和逐步放大的底部等高线图，可见到曲面深谷底部的一系列凹坑。

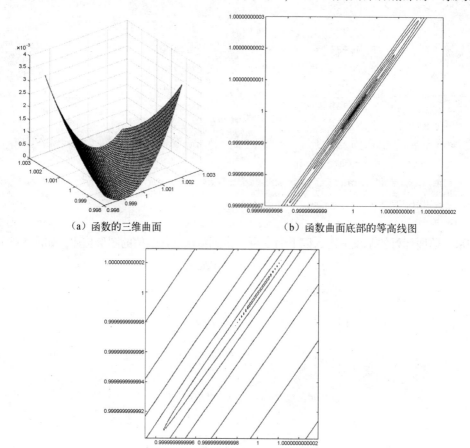

（a）函数的三维曲面　　　　　　　　　　（b）函数曲面底部的等高线图

（c）放大的函数曲面底部等高线图

图 5-9　Rosenbrock 函数的图形

设起点为 $x_1 = 10$，$x_2 = -10$，执行优化命令得到的结果为 $x_1 = x_2 = 1$。

```
>>fun = @ (x) 100 * (x(1) . * x(1)-x(2)).^2+(1-x(1)).^2;  x0 = [10,-10];
>>x = fminsearch(fun,x0)
x =
     1     1
```

5.6.3　最小二乘优化器

最小二乘优化器 lsqnonneg 可用来解算非负线性最小二乘问题，其调用语法为

```
x = lsqnonneg(C,d)
```

或者带选项的

```
x = lsqnonneg(C,d, options)
```

【**例 5-8**】 解算以下形式的非负最小二乘曲线拟合问题 $\min\limits_{x}\|C\cdot x-d\|_2^2$，当 $x\geqslant0$。

调用 x = lsqnonneg(C,d) 返回在 $x\geqslant0$ 的约束下，使得 norm(C * x-d) 最小的向量 x。参数 C 和 d 必须为实数。先准备矩阵 C 和向量 d。

```
>>C = [0.0372 0.2869;0.6861 0.7071;0.6233 0.6245;0.6344 0.6170];
>>d = [0.8587;0.1781;0.0747;0.8405];
```

再进行最小二乘优化计算

```
>>x = lsqnonneg(C,d)
x =
        0
    0.6929
```

5.6.4 方程求解器

方程求解器 fzero 可用来求解非线性函数的根，其调用语法为

```
x = fzero(fun, x₀)
```

或

```
x = fzero(fun, x₀, options)
```

调用方程求解器 x = fzero(fun, x0) 尝试在给定初值 x_0 的条件下求出 fun(x) = 0 的点 x。此解是 fun(x) 改变符号的位置。

【**例 5-9**】 通过求正弦函数在 3 附近的零点来计算 π 值。

```
>>fun = @sin;        % 定义函数句柄
>>x0 = 3;            % 设定初值
>>x = fzero(fun,x0)
x = 3.1416
```

【**例 5-10**】 求余弦函数在 1 和 2 之间的零点，体验如何给定求解区间。

```
>>fun = @cos;        % 定义函数句柄
>>x0 = [1 2];        % 以初值形式设定求解范围
>>x = fzero(fun, x0)
x =
    1.5708
```

请注意，cos(1) 和 cos(2) 必须符号不同，否则出错。

```
>>x0 = [1 1.1];
>>x = fzero(fun,x0)
错误使用 fzero (line 290)
```

区间端点处的函数值必须具有不同的符号。

【**例 5-11**】 求函数 $f(x)=x^3-2x-5$ 的零值，体验用 M 文件定义函数。

首先，编写一个名为 f.m 的文件并保存到 MATLAB 路径中。

```
function y = f(x)
y = x.^3 - 2*x - 5;
```

求 $f(x)$ 在 2 附近的零点。

```
>>fun = @f;          % 定义函数句柄
>>x0 = 2;            % 设定初值
>>z = fzero(fun, x0)
z =
    2.0946
```

因为 $f(x)$ 是一个多项式，所以可以使用 roots 命令求出相同的实数零点和一对复共轭零点。

```
>>roots([1 0 -2 -5])
  ans =
  2.0946 + 0.0000i
 -1.0473 + 1.1359i
 -1.0473 - 1.1359i
```

5.7 上机实践

1. 求定积分

$$a = \int_0^4 f(x)\,\mathrm{d}x$$

式中

$$f(x) = \begin{cases} \ln x^2 & \text{当 } x \leqslant 2 \\ \dfrac{\ln 16}{2+\sin(x+1)\pi} & \text{当 } x > 2 \end{cases}$$

写出主程序和函数程序。

2. 题 1 的分段函数在定义域 $[a, b] = [0.5, 2.5]$ 内 $f(x) > 0$ 且单调上升，求直线 $x = c$，将 $(a, 0)$、$(b, 0)$、$(b, f(b))$ 和 $(a, f(a))$ 围成的面积分为相等的两部分。

3. 用数值法求解关于 τ 的积分方程

$$10 = \int_{0.5}^{\tau} (\ln x)^2 \mathrm{d}x$$

写出主程序、函数文件名、函数程序。

4. 求解方程 $x^5 + 6x^4 - 3x^2 = 10$ 的 5 个根，并将其位置用五角星符号标记在复平面图上，要求横纵坐标轴的刻度等长，注明虚轴和实轴，在 Title 位置上写出方程。

5. 用对分法求解应用题：轴线水平放置的椭圆柱形容器，椭圆水平轴为 8 m，垂直轴为 4 m，柱长为 5 m，注入 100 m³ 液体，求容器内的液位高度。

6. 某班学生成绩已经存放在矩阵 A 中，每行为某一位同学的数据，第 1 列为学号，第 2

列至第 4 列为其 3 门课程的成绩，试编程按照 3 门课平均成绩由大到小的顺序重排成绩表，并放在矩阵 **B** 中。

$$A = \begin{bmatrix} 19234012 & 95 & 73 & 88 \\ 19234033 & 84 & 77 & 80 \\ 19234009 & 66 & 80 & 72 \\ 19234067 & 92 & 93 & 59 \end{bmatrix}$$

7. 从文件 data5_7.mat 读入 x 和 y 两列数值，分别为时间序列和对应的信号值，用 5 次多项式拟合后，用光滑实线画出拟合曲线，并用圆圈标记画出信号值点的位置。

8. 反映温度与电阻关系的 9 个测试点读数存在文件 data5_8.mat 中，其中 x 表示测试温度，y 表示该温度下测得的电阻值，试从最小电阻值到最大电阻值等间隔地作 100 点线性插值，并用三次多项式进行曲线拟合，用"×"标记画出原始测试点，用"·"标记画出插值点，用实线画出拟合曲线。

9. 已知某压力传感器的标定数据已经存于变量 p 和 u 中，p 为压强值，单位为 Pa，u 为电压值，单位为 mV，数据文件 data5_9.mat。试用表达式

$$u = Ce^{ap}$$

拟合其特性函数（$\ln u = \ln C + ap$），求出 a 和 C，把压力范围为 $0 \sim 350\ \mathrm{kPa}$ 的拟合曲线和各个原始数据点画在同一幅图上，标题为"压力传感器拟合特性"，并在图中用鼠标指定适当位置，显示求出的 C 和 a 数值，并写出指数函数 $u = Ce^{ap}$。

10. 解微分方程，绘出图像 $y(x)$。
$$\ddot{y} - 2(\dot{y})^2 = 0 \quad y|_{x=0} = 0, \quad \dot{y}|_{x=0} = -1, \quad x \in [0, 1]$$

11. 使用有界优化器、无界优化器和方程求解器求解方程 $\ln x = \sin x$。

第 6 章 Simulink 的基本用法

Simulink 是一个用来进行动态系统建模、仿真和分析的软件包，它不但支持线性系统仿真，也支持非线性系统仿真，既可以进行连续系统仿真，也可进行离散系统仿真或者二者的混合系统仿真，同时它支持具有多种采样速率的系统仿真。

Simulink 提供了使用方框图进行仿真的平台，使用 Simulink 进行仿真和分析可以像在纸上绘图一样简单，比传统的仿真软件包更直观、方便。Simulink 是 MATLAB 的进一步扩展，它不但实现了可视化的动态仿真，也实现了与 MATLAB、C 或者 FORTRAN 甚至和硬件之间的相互数据传递，从而大大扩展了其功能。Simulink 不但可以进行仿真，也可以进行模型分析、控制系统设计等。下面首先介绍 MATLAB 9.7（2019b）版本附带的 Simulink 10.0（2019b）版本中的模块库。

6.1 Simulink 模块库简介

进入 Simulink 工作环境的途径有两种，在 MATLAB 的命令行窗口中键入 Simulink 并回车，进入 Simulink Start Page 窗口；或者在 MATLAB 的工具栏中，单击按钮，也可进入 Simulink Start Page 窗口，如图 6-1 所示。

图 6-1 Simulink Start Page 窗口

此时再单击 Blank Model 或 Create Model，则生成 untitled（空白）的模型编辑窗口，并停留在 SIMULATION 选项卡中，如图 6-2 所示。

此时单击 Library Browser，将打开 Simulink 的模块库，其界面又称为模块库浏览器，如图 6-3 所示。

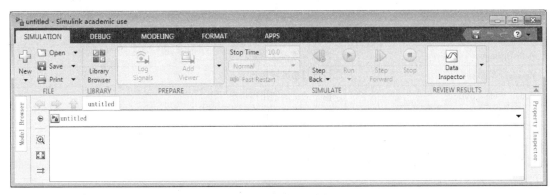

图 6-2 untitled 模型编辑窗口

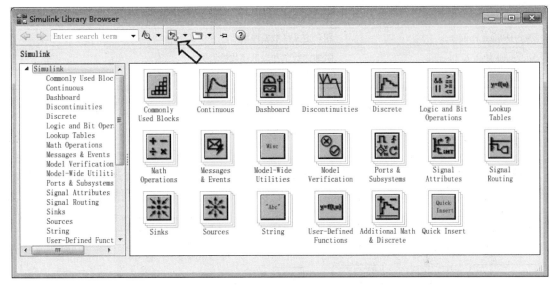

图 6-3 Simulink 的模块库浏览器

图 6-3 界面的左侧是构成 Simulink 模块库的各个模块集。可以看出 Simulink 中含有的模块集非常多,除标准的 Simulink 模块集外,还有和各个工具箱与模块集之间联合构成的模块集,并且用户还可以将自己编写的模块集挂靠到整个模块库浏览器下。Simulink 包含的标准模块集如表 6-1 所示。

表 6-1 Simulink 标准模块集

名 称	含 义
Commonly Used Blocks	经常使用的模块集
Continuous	连续函数模块集 *
Dashboard	与仿真进行交互的控制和指示模块集
Discontinuities	不连续函数模块集 *
Discrete	离散时间函数模块集 *
Logic and Bit Operations	逻辑和位操作模块集 *
Look-Up Tables	查找表模块集

续表

名　称	含　义
Math Operations	数学运算模块集 *
Messages & Events	信息与事件模块集
Model-Wide Utilities	模型的扩展利用模块集
Model Verification	模型校验模块集
Ports & Subsystems	接口与子系统模块集
Signal Attributes	信号属性模块集
Signal Routing	信号传送模块集 *
Sinks	输出池模块集 *
Sources	信号源模块集 *
String	字符串操作模块集
User-Defined Functions	用户定义函数模块集
Additional Math & Discrete	附加的数学和离散函数模块集
Quick Insert	模块集的便捷子集

下面将介绍其中带"＊"号的模块集。

6.1.1　信号源模块集

信号源（Sources）模块可生成或导入信号数据，包括各种常用输入信号，其内容如图 6-4 所示。

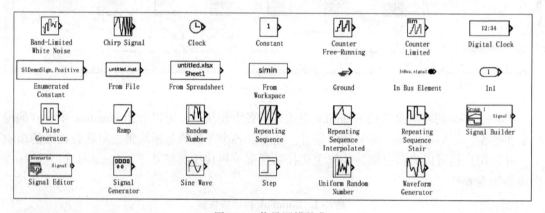

图 6-4　信号源模块集

信号源模块集中各个模块主要功能如下。

（1）In1 为输入端口模块，用来反映整个仿真系统的输入端子。

（2）Constant 为常数模块，可产生一个常数值，一般用作给定输入。

（3）Signal Generator 为信号发生器，可以产生正弦波、方波、锯齿波、随机信号 4 种波形信号，可以给定波形的频率和幅值。信号发生器只接受输入的数字，不接受变量。

（4）Step 为阶跃模块，阶跃模块生成一个按给定的时间开始的阶跃信号，信号的初始值和终值都可以设定。一般用来仿真系统的阶跃响应，也可以用来仿真定时的开关动作。

（5）⊙ Clock 为时钟，输出仿真中的当前时间，以秒为单位。在记录数据序列中需要这个模块，而 ⊞ 12:34 Digital Clock 则是以采样周期为单位，输出所对应的离散序列。

（6）untitled.mat From File 为从文件读数据模块，能从规定的数据文件中读取数据作为其他模块的输入值。数据文件至少有两行，第一行为单调递增的时间，其他行为对应的数据。数据文件可以是文本文件，也可以是 mat 文件。仿真中对于数据文件中没有时间描述的对应数据，Simulink 采用线性插值的方法得到中间数据。使用这个模块可以设定任意的输入曲线，并且对测试试验数据十分有用。需要注意输入数据不能过于稀少，免得导致仿真的精度降低。

（7）Simin From Workspace 为从工作空间读数据模块，能从工作空间中读取数据，数据源至少有两列，第一列为单调递增的时间，其他列为对应的数据。这个模块的其他特性和 From File 一样。它常用于在 MATLAB 工作空间处理完数据后，读入 Simulink 中。

（8）↵ Ground 为接地线模块，一般用于表示零输入模块，若一个模块的输入端子没有接任何其他模块，在 Simulink 仿真中经常给出错误信息，这样可以将该模块接入该输入端子即可避免错误。

（9）其他类型的信号输入，有很多。

Band-Limited White Noise 生成限带白噪声。

Ramp 生成斜坡输入信号。

Pulse Generator 生成脉冲信号。

Sine Wave 生成正弦信号。

Repeating Sequence 模块构造可重复的输入信号。

SIDemoSign.Positive Enumerated Constant 输出枚举值的标量、数组或矩阵。

InBus.Signal In Bus Element 选择连接子系统输入端的总线单元。

Random Number 生成正态分布的随机数。

Uniform Random Number 生成均匀分布的随机数。

Repeating Sequence Interpolated 生成任意形状的周期信号。

Repeating Sequence Stair 重复产生离散时间序列。

Group 1 Signal 1 Signal Building 创建和生成可交替的具有分段线性波形的信号组。

Scenario Signal 1 Signal Editor 显示创建编辑模块。

Waveform Generator 使用描述信号的符号参数，完成波形流输出。

（10）Counter Free-Running 为指定位数进行累加计数，超过位数将溢出归零，并重新开始进行累加计数。Counter Limited 指定上限值进行累加计数，并在输出达到指定的上限值后，绕回到 0。

6.1.2 连续时间函数模块集

Continuous 模块主要用于对基于连续时间的系统建模，该模块集的内容如图 6-5 所示。

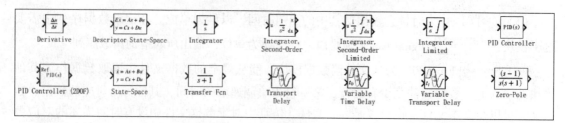

图 6-5　连续函数模块集

详述如下。

（1） Derivative 为数值微分器，其作用是将输入端的信号经过一阶数值微分，在输出端输出，在实际应用中一般尽量避免使用该模块。

（2） Transfer Fcn 为传递函数，使用分子分母多项式的形式给出系统传递函数。分母的阶次必须大于或等于分子的阶次。

（3） Integrator 与 Integrator Limited 为积分器，对输入进行积分，可以设定初始条件。输入可以是向量或标量，后者有积分饱和。

（4） Integrator, Second-Order 和 Integrator, Second-Order Limited 为二次积分器，均为指定的上限和下限值来限制状态量，对输入信号执行二次积分，只是后者通常求解二阶初始值问题。

（5） State-Space 和 Descriptor State-Space 为状态空间模块，前者使用 A、B、C、D 矩阵形式表示的标准状态空间模型，可以给出初值，后者使用 A、B、C、D 与 E 矩阵形式表示线性隐式状态空间模型。

（6） Zero-Pole 为零极点模块，用指定的零极点建立连续系统模型，输入可以是向量或标量。

（7） Transport Delay、 Variable Time Delay 或 Variable Transport Delay 为时间延迟模块，将输入延迟指定的时间后，再传输给输出信号，模块的输入应为连续信号。后两者对输入信号有延迟时间定义，分别为固定与可变延迟。

（8） PID Controller 与 PID Controller（2DOF）为连续时间 PID 控制器与双自由度 PID 控制器。

6.1.3　离散时间函数模块集

离散时间函数（Discrete）模块主要用于对离散系统建模，该模块集的内容如图 6-6 所示。

主要介绍如下。

（1） Unit Delay 与 Resettable Delay 为单位延迟模块，将输入信号做单位延时并保持一个采样周期，可以设置采样周期和初始值，后者可设置多状态初值的可变延迟器。想要实现大于一个单位的延迟功能，可采用 Tapped Delay、 Delay、 Enabled Delay 与 Variable Integer Delay 不同条件下的四种模块。如果想采用没有延迟的采样和保持功能，可使用零阶保持器 Zero-Order Hold。

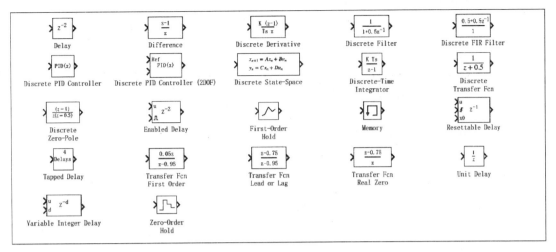

图 6-6　离散时间函数模块集

（2） Zero-Order Hold 为零阶保持器，在一个计算步长内将输出的值保持在同一个值上； First-Order Hold 为线性差值一阶保持器。

（3） Difference 为信号差分模块， Discrete Derivative 为基于采样周期的微分差分模块。

（4） Discrete-Time Integrator 为离散积分器，实现离散的欧拉积分，可以设置初值和采样时间。

（5） Discrete Transfer Fcn 与 Discrete Zero-Pole 均为离散传递函数，与连续传递函数结构相同，均可以设置采样时间，后者为零极点形式。

（6） Transfer Fcn Lead or Lag 为离散时间超前或滞后输入补偿器模型， Transfer Fcn Real Zero 为含无极点实零点 z 传递函数模型。

（7） Memory 为记忆模块，输出的是前一步的采样保持值。

（8） Discrete State-Space 为离散状态空间模型，与连续状态空间模型结构相同，可以设置采样时间。并不一定是在离散系统中使用离散模型，如果想使用多采样时间仿真，也可以使用离散系统模型隔离。

（9） Discrete Filter 与 Discrete FIR Filter 分别为脉冲响应（IIR）滤波器与 IR 数字滤波器。

（10） Discrete PID Controller 与 Discrete PID Controller（2DOF）分别为离散时间 PID 控制器与双自由度离散时间 PID 控制器。

6.1.4　逻辑和位操作模块集

逻辑和位操作（Logic and Bit Operations）模块主要用于对输入信号进行逻辑操作，该模块集的内容如图 6-7 所示。

主要介绍如下。

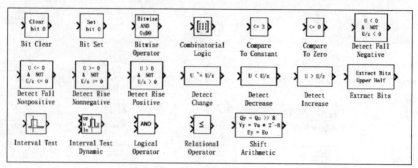

图 6-7   逻辑和位操作模块集

（1）Bit Clear 为位清零模块，该模块将存储数据指定的位清零。

（2）Bitwise Operation 为位操作运算模块，该模块对输入信号进行位操作运算，包括与、或、异或、非等。

（3）Combinatorial Logic 为组合逻辑模块，该模块根据指定真值表对输入信号进行组合逻辑运算。

（4）Compare To Constant 为与常数比较模块，该模块将输入信号与设定的常数进行关系运算，输出为逻辑值。

（5）Logical Operator 为逻辑运算器，可对多个输入信号进行逻辑运算，包括与、或、异或、非等。

（6）Relational Operator 为关系运算器，对输入信号进行关系运算，输出为逻辑值。

6.1.5   数学运算模块集

Math Operations 模块用于对输入信号进行数学操作，其内容如图 6-8 所示。

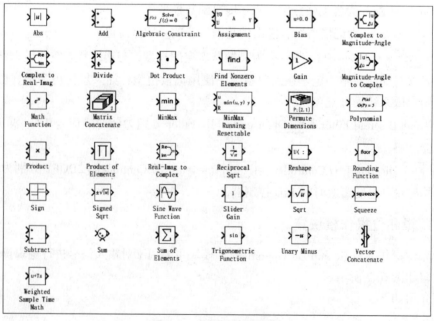

图 6-8   数学运算模块集

主要介绍如下。

（1）│▦│ Abs 为绝对值函数，求取输入信号的绝对值。

（2）│▦│ Real-Imag to Complex 为复数构建模块，该模块根据输入的实部和虚部构建复数信号。

（3）│▷│ Gain 为增益模块，输出为输入与增益的乘积，输入可以是标量也可以是向量。

（4）│▱│ Math Function 为数学函数，对输入信号实现特定的数学函数运算，如开方、求模、取共轭等。

（5）│▨│ Sum 为加法器，对输入作求和（差）操作，输入可以是两个或者多个，每个输入有正号或负号标志，输入可以是标量也可以是向量。

6.1.6　输出池模块集

输出池（Sinks）模块用来显示或导出计算结果的信号数据，其内容如图 6-9 所示。

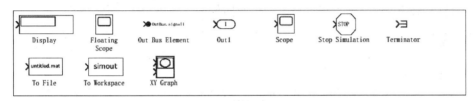

图 6-9　输出池模块集

主要描述如下。

（1）│▱│ Out1 —— 输出端口模块，代表整个系统的输出端子，系统直接仿真时这样的输出将自动在 MATLAB 工作空间中生成变量。

（2）│▣│ Scope —— 示波器，是显示数据结果的有效形式，它显示数据随时间的变化过程。不同版本的示波器略有不同，在 MATLAB 5.0 版本之后，示波器模块的功能有了比较大的改进：在示波器中数据图形可以任意放大或缩小；示波器可以设计显示的时间和幅值；示波器中可以同时显示多个曲线。

（3）│▨│ XY Graph —— x-y 示波器，将两路输入信号分别作为示波器的两个坐标轴。

（4）│▱│ To File —— 输出到文件模块，该模块把它的输入值保存到 mat 文件指定的变量中，如果这个文件已存在，先前的文件将被覆盖。文件的第一行为时间，其他行为数据。模块的输入可以是标量，也可以是向量。

（5）│▱│ To Workspace —— 输出到工作空间模块，把数据写入工作空间中。

（6）│▨│ Stop Simulation —— 仿真终止模块，强行终止正在进行的仿真过程。

（7）│▸│ Terminator —— 信号终结模块，可将该模块连接到闲置的未连接的模块输出信号上，避免出现警告。

6.1.7　信号传送模块集

信号传送（Signal Routing）模块集中的模块如图 6-10 所示。

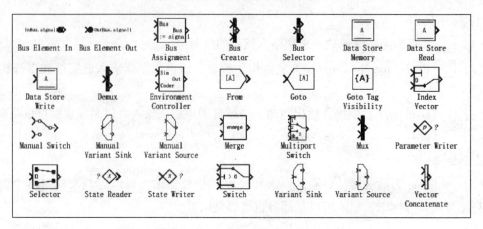

图 6-10　信号传送模块集

主要描述如下。

（1）![ ] Mux——混路器，将多路信号依照向量的形式混合成一路信号。

（2）![ ] Demux——分路器，将混路器组成的信号分解成多路信号。

（3）![ ] Selector——选路器，可从多路信号中按希望输出所需的信号。

（4）![ ] Switch、![ ] Multiport Switch 和 ![ ] Manual Switch——开关模块，由开关量的值选择由哪路输入信号直接产生输出信号。

6.1.8　不连续函数模块集

不连续函数（Discontinuities）模块集的内容如图 6-11 所示。主要包括许多分段线性的静态非线性模块，如 ![ ] Backlash（磁滞回环模块）、![ ] Dead Zone（死区模块）、![ ] Saturation（饱和非线性模块）、![ ] Relay（继电模块）、![ ] Quantizer（量化模块）等。

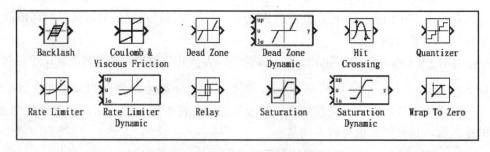

图 6-11　不连续函数模块集

6.1.9　其他模块集

在标准的 Simulink 模块集中还包括查找表模块集（Look-Up Tables）、模型校验模块集（Model Verification）、模型的扩展利用模块集（Model-Wide Utilities）、接口与子系统模块集（Ports & Subsystems）、信号属性模块集（Signal Attributes）、用户定义函数模块集（User-Defined Functions）和附加的数学和离散函数模块集（Additional Math & Discrete）；另外在

Simulink 模块库中还有很多更具特色的其他模块集，如通信系统仿真模块集、数字信号处理模块集、表盘模块集、非线性系统设计模块集、电力系统模块集、虚拟现实工具箱、实时控制类模块集等，这些模块集可根据需要在安装 MATLAB 时进行选择安装，这里不再一一介绍。

6.2 Simulink 模型的建立与仿真

6.2.1 模型窗口的建立和保存

在图 6-1 的 Simulink Start Page 窗口中，在单击 Blank Model 或 Create Model 之后，便打开一个空白的 Simulink 模型编辑窗口，如图 6-12 所示。此外还有以下几种方法。

（1）在 MATLAB 主菜单的主页→新建→SIMULINK 中选择 Simulink Model。

（2）单击 Simulink 模块库浏览器任一窗口上方工具条里的 按钮，即可打开新的空白模型编辑窗口，如图 6-3 中的箭头所指。

（3）以图 6-12 为例，在任一模型编辑窗口的工具栏最左边的 标记下单击 按钮即可拉下菜单，其中可看到 Blank Model Ctrl+N 按钮，单击即可得到空白的模型编辑窗口。更快捷的方式是用组合键 Ctrl+N 来实现。

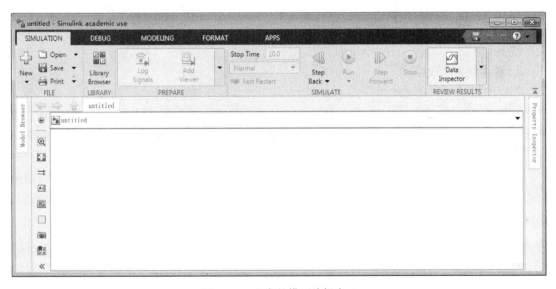

图 6-12　空白的模型编辑窗口

使用模型编辑窗口中 FILE 区的 Save 选项，可以将模型保存为一个文件；也可以使用 Save As 选项改名保存文件。相应的文件扩展名为 slx 和 mdl，slx 文件采用了比 mdl 更紧凑的格式，并更好地解决了汉字兼容问题。在高版本中建议使用 slx 格式。为了满足低版本使用要求，建议使用 mdl 文件。Simulink 提供了两种格式之间的转换方法，在转成 slx 格式时要注意保存好原来 mdl 格式的备份，以防万一转换失败而丢失原版本。在 MATLAB 的命令窗口中，键入模型文件名，就可以打开相应的模型文件。

6.2.2 模块的有关操作

在建立了空白的模型编辑窗口后，在相应的模块集中找到与仿真框图部分对应的模块，使用鼠标左键将其拖入或用鼠标右键将其添加到自己的模型窗口中。在完成所有模块的拖拽后，即可进行下列操作。

1. 模块大小的调整

为了使模块更加美观，可调整模块的大小，具体操作如下：选中模块，模块 4 角出现了小方块，将鼠标移到一个角的小方块上，此时鼠标将会改变形状，按住鼠标左键，拖拽鼠标，出现的虚线框显示调整后的大小。放开鼠标，则模块的图标按虚线框的大小显示。

2. 模块的旋转

若要对模块进行旋转操作，可以先选中模块，然后用鼠标右键单击调出快捷菜单，将光标放到 Rotate & Flip 栏上，可显示 4 种变化方式，即：顺时针旋转、逆时针旋转、模块翻转和标签翻转，旋转时模块形状、输入输出口位置及标签位置一起转动 90°，模块翻转时只是输入输出口位置翻转 180°，标签翻转时只是标签位置翻转 180°。按需要单击执行适合的方式。

3. 模块的连接

因为模块的每个允许输出的口都有一个输出符号"＞"表示，而输入端也有一个表示输入的符号"＞"，因此若连接两个模块，只需在前一个模块的输出口处按下鼠标左键，拖动鼠标至后一个模块的输入口处释放鼠标键即可。若想快速连接两个模块，则可单击选中源模块，按下 Ctrl 键，再单击目标模块即可。

4. 模块标签的改变

在模型窗口中创建模块时，Simulink 会在每个模块的下面默认位置上加一个标签。为了增强模型的可读性，用户可以按照自己的意愿给模块命名。这时只需在标签的任何位置上单击或双击鼠标，则模块标签呈现编辑状态，输入新的标签，在标签外的任何位置上单击鼠标，则新的标签被确认，此模块将由此标签的文字命名。

有时为了模型的简洁，可将一些功能显而易见的模块标签设置为不可见，这时只需选中模块，选择快捷菜单中的 Format→Show Block Name 下的"off"即可。在模块标签被隐藏时，在快捷菜单的 Format→Show Block Name 下，选中"on"，则可重新显示标签。

标签位置的变化可利用模块旋转与标签翻转的组合来实现所需目的。

5. 增加阴影

若想使某个模块受到重视，可对此模块增加一个阴影，具体做法为选中模块，选择快捷菜单里 Format→Shadow 即可。这时若再次点选 Format→Shadow，则可消去阴影。

6. 模块参数的修正

Simulink 在绘制模块时，给出的是带有默认参数的模块模型，所以通常需要修改。具体过程为选中模块并双击，在弹出的对话框中，找到对应的参数并修改后，单击 OK 按钮即可。

下面仿真一个惯性环节的阶跃响应，具体步骤如下。

（1）双击打开 Simulink 的信号源模块集（Sources）。

（2）选择信号源模块集中的 Step 模块▯，使用鼠标左键拖入自己的模型窗口，然后双击窗口中出现的 Step 模块，设置它的跳跃时间、初值和终值。

（3）双击打开 Simulink 的连续函数模块集（Continuous），使用鼠标左键将其中的传递函数 $\boxed{}$ 拖入自己的模型窗口。双击这一模块，设置传递函数的表达式，如传递函数 $\dfrac{5}{0.1s+2}$，其参数 Numerator 填入[5]；参数 Denominator 中填入[0.1 2]；然后单击 OK 即可。

（4）打开 Simulink 的输出模块集（Sinks），使用鼠标左键将其中的示波器 $\boxed{}$ 拖入自己的模型窗口。

（5）单击各个模块的输入或输出端口，当光标变为"+"形式时，按住鼠标的左键，拖动"+"字图标到另一个端口，然后释放鼠标按钮，则带箭头的连线表示了信号的流向。

（6）若想将传递函数的标签变更为"惯性环节"，则在模型窗口中单击或双击原来的 Transfer Fcn，然后输入相应的汉字，再单击标签外的其他地方即可。

（7）若要整体调整模型中显示的模块、连线及字体的大小，可以选中任一模块，再应用 Ctrl 和+号的组合键来一级级放大，也可应用 Ctrl 和-号的组合键来一级级缩小。

这样得到的简单数学模型如图 6-13 所示。

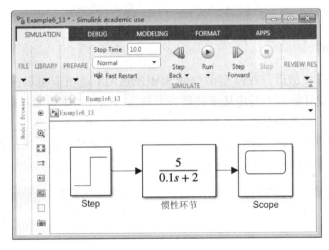

图 6-13　简单数学模型

6.2.3　Simulink 模块的联机帮助系统

与 MATLAB 的其他内容一样，Simulink 也有比较完善的联机帮助系统，选中一个模块，比如选中"惯性环节"模块，用右键打开快捷菜单，选择 Help，则将打开如图 6-14 所示的帮助窗口。

6.2.4　Simulink 模块的输出与打印

对于打开的 Simulink 模型，可以在快捷菜单中选用一般编辑常用的点选、全选、剪切、复制、粘贴等功能将整个模型或部分模块复制到剪贴板中，再粘贴到其他模型中，组合键 Ctrl+A、Ctrl+C、Ctrl+X 和 Ctrl+V 也同样有效。也可选择 Simulink 模型窗口下的 File→Print，按照默认格式打印输出或按要求设定相应的参数后，再打印输出，也可以输出 PDF 文件。

图 6-14   Simulink 模块的联机帮助窗口

6.2.5   模型仿真

建立好 Simulink 模型后，在模型窗口的 SIMULATION 选项卡中单击工具栏的"启动仿真"按钮⊙，仿真就开始了。要想从示波器上看到仿真结果，则需用鼠标左键双击示波器模块调出示波器窗口。仿真的过程既可按默认的方式进行，也可按要求的方式进行。若按要求方式仿真，则需点开 SIMULATION 选项卡的工具栏中 PREPARE 区，选点其中的 Model Settings 按钮，打开如图 6-15 所示的对话框。

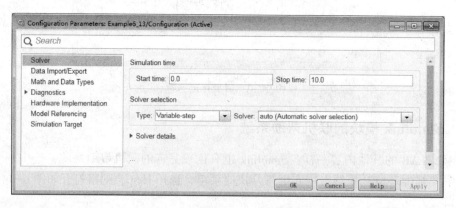

图 6-15   Model Settings 对话框

在该对话框中有 7 个选项，默认的为 Solver，它主要接受微分方程求解的算法及仿真控制参数。其内容主要包括以下两点。

（1）仿真时间的设置——通过修改仿真的初始时间和终止时间来控制仿真时间。当然，用户也可利用 Sinks 模块集内的 Stop 模块来强行停止仿真。

（2）仿真算法的选择——通过 Solver Selection 和 Solver details 栏目来选择不同的求解算

法、仿真精度等。

对于该对话框左侧其他选项中的如数据的输入/输出、数学和数据类型、诊断信息、硬件工具、模型参考及仿真目标等不再介绍。

6.3　Simulink 模型举例

在本节中将介绍一些有代表性的例子来进一步演示 Simulink 模型的建立和仿真过程。

【例 6-1】 考虑如图 6-16 所示的质量-弹簧-阻尼二阶系统。设阻尼系数 $c = 1.0 \, \mathrm{N} \cdot (\mathrm{s/m})$，弹簧弹性系数为 $k = 2 \, \mathrm{N/m}$，小车质量 $m = 5 \, \mathrm{kg}$。系统无输入，初始位置距平衡点 $1.0 \, \mathrm{m}$。试模拟此小车系统的运动。

分析：要模拟此系统，先要写出其运动方程。由受力分析可知，小车受到两个力的作用：弹簧的弹性力 kx 和阻力 $c\dot{x}$；而小车的加速度力为 $m\ddot{x}$。由于小车系统不再受其他的外力，因此这 3 个力的合力应为 0。于是小车的运动方程为：

$$m\ddot{x} + c\dot{x} + kx = 0$$

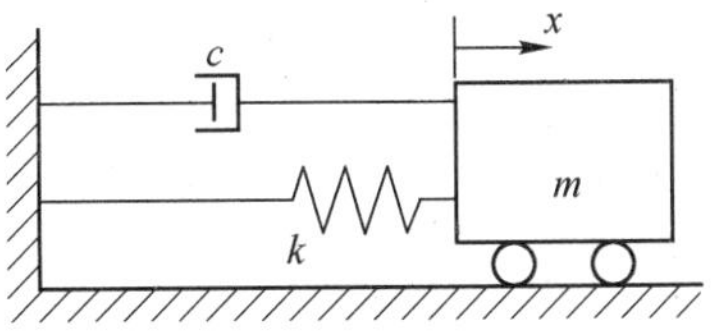

对此方程作如下的变换：$\ddot{x} = -\dfrac{c}{m}\dot{x} - \dfrac{k}{m}x$，代入具体数据得：

$$\ddot{x} = -0.2\dot{x} - 0.4x \qquad 且 \; x(0) = 1, \dot{x}(0) = 0$$

打开一个新的模型窗口，从连续函数模块集中拖两个积分模块到模型窗口中，并分别标以 Velocity 和 Displace-

图 6-16　质量-弹簧-阻尼二阶系统

ment：其中 Velocity 的输出为 $\dot{x}$，其积分模块的 Initial condition 设置为 0；Displacement 的输出为 x，其积分模块的 Initial condition 设置为 1。此外还需要两个增益模块和一个求和模块，并用示波器来观察小车的位置曲线，各模块的连接如图 6-17 所示。

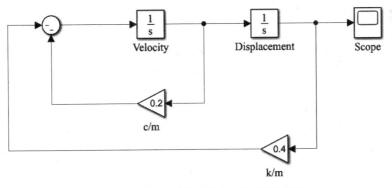

图 6-17　质量-弹簧-阻尼二阶系统的模型

在 SIMULATION 选项卡的工具栏里，SIMULATE 区内，设置参数项中的 Stop Time 为 50，用左键双击 Scope 模块打开示波器的显示窗口，再按工具栏里的 ⏵ 按钮，则示波器窗口将显示小车位移随时间变化的轨迹，如图 6-18（a）所示。如果感觉曲线不够平滑，可点开下拉菜单 View，点选 Configuration Properties，将其中的采样间隔时间 Sample Time 从默认值 -1 改成 0.1。在 View 菜单中点选 Style，将 Figure color 改成白色，把 Axes color 改成白底黑线，把 Line 改成线宽 1.5 的黑色，单击 OK 按钮后示波器窗口如图 6-18（b）所示。

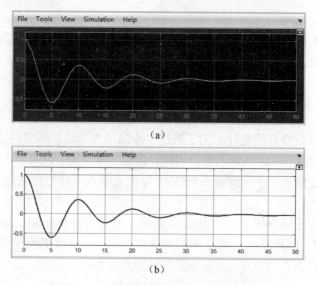

（a）

（b）

图 6-18　质量-弹簧-阻尼二阶系统的响应

【例 6-2】 对例 1-4 介绍的 Van der Pol 方程进行仿真。

$$\ddot{y}+\mu(y^2-1)\dot{y}+y=0$$

选择状态变量 $x_1=y$，$x_2=\dot{y}$，则原方程可以变换成

$$\begin{cases}\dot{x}_1=x_2\\\dot{x}_2=-\mu(x_1^2-1)x_2-x_1\end{cases}$$

这里 μ 是一个可变参数。

分析：第一个方程可以认为是将 $x_2(t)$ 信号作为一个积分器的输入端，这样积分器的输出则将成为 $x_1(t)$ 信号，类似地，$x_2(t)$ 信号本身也可以认为是一个积分器的输出，在积分器的输入端信号应该为 $-\mu(x_1^2-1)x_2-x_1$，在构造该信号时还需要使用信号乘积的处理。本例使用输出端口模块输出结果，默认输出变量为 tout 和 yout，用以介绍另一种输出方式。

在该模型中，除各个模块及其连接外，还有添加的文字描述。这是在想加文字说明的位置双击鼠标，在出现的字符插入提示处写入要写的字符，注意一定要单击下方的"Add'××' annotation"确认才能完成添加。

为了进行模型仿真，还需要对某些参数赋值，如令其中的 $\mu=1$，两个积分器的初始值分别为 $x_1(0)=1$，$x_2(0)=-2$，则双击对应的模块，修改积分模块的 Initial condition 分别为 1 和 -2。修改增益模块的参数 Gain 为 1，将仿真时间设置为 20。

建立的微分方程的模型如图 6-19 所示。

单击 Simulink 工具栏中的启动按钮 ⊙，经过短暂的仿真过程，则仿真结果赋给 MATLAB 工作空间内的保留变量 tout 和 yout。然后在 MATLAB 命令窗口中给出绘图命令：

```
>>subplot(2,1,1),plot(tout,yout(:,1),'-',tout,yout(:,2),'-.')
>> title('时间响应曲线')
>>subplot(2,1,2),plot(yout(:,1),yout(:,2))
>> title('相平面曲线')
```

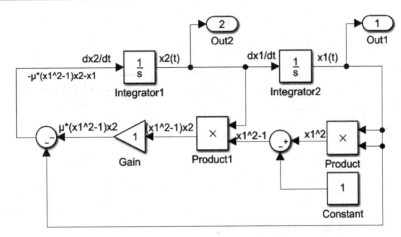

图 6-19　Van der Pol 方程的模型 $\ddot{y}+\mu(y^2-1)\dot{y}+y=0$

则将分别得到如图 6-20 所示的时间响应曲线和相平面曲线，点画线为函数的一阶导数曲线。

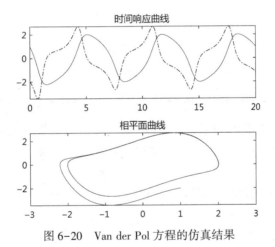

图 6-20　Van der Pol 方程的仿真结果

此外，还可以改变一下系统的输出方式，如将 x_1、x_2 分别接入 $x-y$ 示波器的两个输入端，设置对应的输出范围后，一样可以得到上图的相平面曲线。

【例 6-3】含有磁滞回环非线性环节的控制系统框图如图 6-21 所示，其中磁滞宽度 $c_1=1$，试对该系统进行仿真。

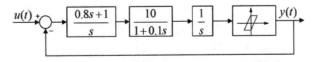

图 6-21　含有磁滞回环非线性环节的控制系统

分析：该题目中有传递函数模块和非线性环节，分别调用连续函数模块集中的 Transfer Fcn 和不连续函数模块集中的 Backlash 模块来进行仿真。打开一空白窗口，在其中拖入两个传递函数模块、一个积分模块和一个非线性的 Backlash 模块；设置其中的参数，如将第一个模块双击后，将其 Numerator 设置为 $[0.8, 1]$，Denominator 设置为 $[1, 0]$ 等，将输出 y 接到示波器上，则系统的模型如图 6-22 所示。

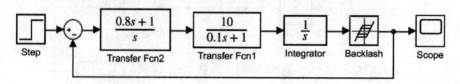

图 6-22　含有磁滞回环非线性环节的控制系统模型

将仿真时间设置为 3，采样间隔设为 0.01，起动仿真后，示波器中得到的图形如图 6-23 所示。如果需要对示波器图形进行更细微的调节，可以在 File 菜单中选择 Print to Figure，将其打印成一般 MATLAB 图形，然后进行修改。

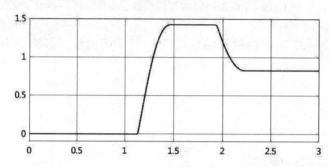

图 6-23　含有磁滞回环非线性环节的控制系统仿真结果

【例 6-4】本例模拟贷款的分期还款问题。设每个月月末贷款余额 $b(k)$ 为月初余额与月利息的和，再减去月末的还款额 $p(k)$。于是第 k 月月末的余额是

$$b(k) = rb(k-1) - p(k)$$

其中 $r = 1 + I$，I 为月利率。假设初始贷款余额为 15 000 元，月利率为 1%，每月偿还 200 元，试计算 100 次偿还后的贷款余额。

分析：本题可用图 6-24 进行离散建模，其中单位延迟模块的 Initial condition 为初始贷款余额 15 000 元，Sample time 设置为 1；在 Simulation 菜单的 Configuration Parameters 中的 Simulation time 中设置 Start time 为 0，设置 Stop time 为 100；Solver options 中的 Type 选项设置为 Fixed-step，Solver 选项设置为 discrete。运行此模型，最后在 display 中显示最后的余额 6 341 元，其仿真结果曲线如图 6-25 所示。

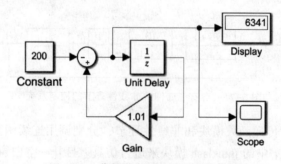

图 6-24　贷款分期还款问题离散模型

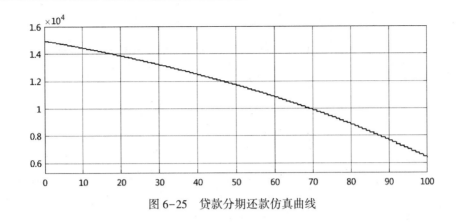

图 6-25　贷款分期还款仿真曲线

6.4　上机实践

1. 用命令或图标进入 Simulink 模块库，仔细观察各个模块集并分别打开，熟悉其模块的构成。回忆连续函数模块集中有哪些常用模块？模块在哪个模块集中？

2. 用 3 种不同的方法，分别打开一空白模型窗口，熟悉有关的菜单及选项；并向其中拖拽一模块，如 Step 模块，对其进行大小的调整、方向的旋转、标签的改变及隐藏、标签编辑、增加阴影、参数改变等操作，熟悉右键的使用。

3. 在 Simulink 中构建模型：对一个正弦波信号进行积分处理，然后将原始正弦信号和积分后的信号送到示波器中同时显示出来。

4. 一系统可由微分方程：

$$\ddot{y} + 3\dot{y} + 2y = 2u(t)$$

来描述，系统初始状态为零，求取该系统的阶跃响应。

5. 考虑线性微分方程：

$$y^{(4)} + 3y^{(3)} + 3\ddot{y} + 4\dot{y} + 5y = e^{-3t} + e^{-5t}\sin(4t + \pi/3)$$

且方程的初值为 $y(0) = 1$，$\dot{y}(0) = \ddot{y}(0) = 1/2$，$y^{(3)}(0) = 0.2$，试用 Simulink 搭建起系统的仿真模型，并绘制出仿真结果曲线。

6. 考虑上面的模型，假设给定的微分方程变化成时变线性微分方程：

$$y^{(4)} + 3ty^{(3)} + 3t^2\ddot{y} + 4\dot{y} + 5y = e^{-3t} + e^{-5t}\sin(4t + \pi/3)$$

而方程的初值仍为 $y(0) = 1$，$\dot{y}(0) = \ddot{y}(0) = 1/2$，$y^{(3)}(0) = 0.2$，试用 Simulink 搭建起系统的仿真模型，并绘制出仿真结果曲线。

7. 建立如图 6-26 所示的非线性系统的 Simulink 框图，并观察在单位阶跃信号下系统的输出曲线。

8. 一离散系统可由差分方程：

$$\begin{cases} x_1(k+1) = x_1(k) + 0.1x_2(k) \\ x_2(k+1) = -0.05\sin x_1(k) + 0.094x_2(k) + f(k) \end{cases}$$

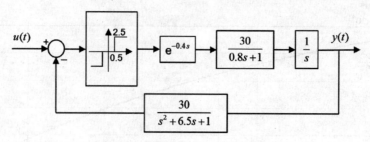

图 6-26　非线性系统的 Simulink 框图

描述，$f(k)$ 是输入控制信号，有：$f(k) = 0.75 - x_1(k)$，试对该系统进行仿真。要求考虑实际控制系统中的如下情况：控制器的更新频率一般低于被控系统，而显示系统的更新频率还要低一些。

第 7 章　MATLAB 解析运算初步

在第 5 章里，我们着重介绍了用 MATLAB 进行数值运算，它可以帮助人们解决实际的工程技术问题。问题的另一面则是在学校和研究单位里人们遇到的多是解析运算问题，MATLAB 的符号运算工具箱提供了一系列函数，能以解析的方式解题、绘图、解方程。用户可以使用实时编辑器创建、运行、共享符号运算的程序脚本。在通常的数学领域里该工具箱提供的函数能进行微积分、线性代数、常微分方程、方程化简和方程变换等运算，用通用的数学文献表达形式表达算式和运算结果。解析运算的脚本可以转换成 HTML 网络语言或者 PDF 语言用于交流或出版，也可以直接从符号表达式转换成 MATLAB 函数或 Simulink 函数模块。与 MATLAB R2019b 版本绑定的符号工具箱版本为 8.4，其中的帮助文档仍然只有英文，本章的主要目的是帮助初学者克服语言障碍，故对 MATLAB 解析运算仅作初步的介绍。

7.1　基本的符号型要素

7.1.1　符号型常数

要想创建符号型的常数，需要应用 sym 命令。比如在命令行窗口的提示符后面键入 sym(1/3)，将得到准确的常数三分之一，而数值型的 1/3 只能给我们一个近似数。

```
>> sym(1/3)
ans =
1/3
>> 1/3
ans =
    0.33333
```

再用 π 为例作比较，sinπ 的准确值是 0，而数值解虽然很接近于零，但是毕竟还不是零。这里还可看到 sym 的用法像个函数。

```
>> sin(sym(pi))
ans =
0
>>sin(pi)
ans =
    1.2246e-16
```

7.1.2　符号型变量

创建符号型变量可以用 sym，也可以用 syms，sym 只能设定单个符号型变量，而 syms 可以一次设定多个符号型变量。比如 syms a b c 将设定 3 个符号型变量，而执行 sym a b c 就会出错。sym 除了按函数方式应用之外，还便于设定矩阵或数组变量，比如

```
>> clear all
>>A = sym('a', [1 20])
>>whos
A =
[ a1,a2,a3,a4,a5,a6,a7,a8,a9,a10,a11,a12,a13,a14,a15,a16,a17,a18,a19,a20]
 Name      Size            Bytes Class    Attributes
 A         1x20               8  sym
```

此时在工作空间里虽然只看到一个 1 行 20 列的矩阵变量，但是其中的 20 个元素都是符号型的。例如执行

```
>> A(1,5:8)
ans =
[ a5, a6, a7, a8]
```

sym 还可以这样用：y = sym('y')，更显出其函数的特征。

　　syms 适合用于 MATLAB 命令行及实时脚本，其语法为：syms <变量表列>；而变量表列为：<变量> <变量> <变量> …。注意：变量表列里的变量之间用空格隔开而不是其他标点符号。执行 syms a，b，c 可以设定出符号型变量 a，但是执行到 b 时就会出错。

　　把 syms 和 sym 结合起来用，可以方便地设定出多个编号有序的变量，例如

```
>> clear all, syms(sym('a', [1 10])), whos
 Name      Size            Bytes Class    Attributes
 a1        1x1                8  sym
 a10       1x1                8  sym
 a2        1x1                8  sym
 a3        1x1                8  sym
 a4        1x1                8  sym
 a5        1x1                8  sym
 a6        1x1                8  sym
 a7        1x1                8  sym
 a8        1x1                8  sym
 a9        1x1                8  sym
```

注意，这里的 10 个变量都是出现在工作空间里的，而不是矩阵 a 的元素。

7.1.3　符号型运算符

　　要想进行符号型运算，单有常数和变量是不够的，必须要有各种运算符，包括代数运算符、关系运算符、逻辑运算符、复数运算符等。幸好这与之前数值运算的各种符号都是相通的，它们都是以函数的形式出现，一部分可以用简约的运算符表示，更加接近数学文献的书写方式，见表 7-1。

表 7-1　符号型运算符

代数运算符		代数运算符		关系运算符		逻辑运算符		复数运算符
函数名称	运算符	函数名称	运算符	函数名称	运算符	函数名称	运算符	函数名称
minus	+	mtimes	*	eq	= =	and	&	conj
plus	−	mldivide	/	ge	> =	or	|	imag
times	.*	mrdivide	\	gt	>	not	~	real
ldivide	./	mpower	^	le	< =	xor		
rdivide	.\	transpose	.'	lt	<			
power	.^	ctranspose	'	ne	~ =			

7.1.4　符号型表达式

如果想要表达黄金分割比值 $\varphi = \dfrac{1+\sqrt{5}}{2}$，可以用命令 phi = (1 + sqrt(sym(5)))/2；此时工作空间里有了一个符号型变量 phi，它具有特定的黄金分割比值，之后对 phi 的各种数学运算就都有了符号型的性质。例如

```
>> f = phi^2 - phi - 1
f =
(5^(1/2)/2 + 1/2)^2 - 5^(1/2)/2 - 3/2
```

如果想表达二次三项式 $y = ax^2 + bx + c$，则需要先设定符号型的变量 a、b、c 和 x，执行之后，生成的变量 y 也是符号型的。

```
>> syms a b c x, y = a * x^2 + b * x + c
y =
a * x^2 + b * x + c
```

7.1.5　符号型表达式的化简

MATLAB 符号运算工具箱提供了一套化简符号型代数式的函数，有通用型的 simplify( )，展开式型的 expand( )，因式分解型的 factor( ) 和嵌套型的 horner( )，可以根据用户要求对运算结果进行不同类型的化简。比如前面遇到过的黄金分割比值多项式的求值问题，求得的解比较冗长，经过 simplify( ) 函数化简，结果颇出人意外。

```
>> phi = (1 + sqrt(sym(5)))/2;  f = phi^2 - phi - 1
f =
(5^(1/2)/2 + 1/2)^2 - 5^(1/2)/2 - 3/2
>> simplify(f)
ans =
0
```

代数式化简不是一个简单问题，没有一种万能的化简函数，因为究竟什么样的形式是最简形式并没有明确的定义，因解题需要而定。比如，要确定多项式的次数，或者对多项式积

分，则希望展开所有的因式，合并所有可能合并的同类项。

```
>> syms x,  f = (x^2-1)*(x^4 + x^3 + x^2 + x + 1)*(x^4 - x^3 + x^2 - x + 1);
>> expand(f)
ans =
x^10 - 1
```

因式分解型的化简函数 factor( )可用来表现多项式的根。如果该多项式没有实根，则化简函数 factor( )返回标准形式的多项展开式。看下面的三次多项式化简情况：

```
>> syms x,  g = x^3 + 6*x^2 + 11*x + 6;  factor(g)
ans =
[ x + 3, x + 2, x + 1]
```

嵌套型的化简函数 horner( )给出的形式最有利于多项式的求值运算，因为它大大地减少了乘法运算的次数。

```
>> syms x,  h = x^5 + x^4 + x^3 + x^2 + x;  horner(h)
ans =
x*(x*(x*(x*(x + 1) + 1) + 1) + 1)
```

7.1.6 符号型变量名称的重新设定

如果一个符号型变量被赋予了一个表达式，之后又被用 syms 命令所设定，那么 MATLAB 会用新的设定覆盖之前所赋予的表达式。例如先给 f 赋予了 $f=a+b$，后面又用了 syms f，那么此时的 f 中就没有了 $a+b$ 的内容。

```
>> syms a b, f = a + b
f =
a + b
>> syms f
>> f
f =
f
```

7.1.7 符号型函数

用符号型函数可以表达各种数学函数，用以算微积分，解常微分方程等。符号型函数也是用 syms 命令来创建。现在用 syms 来创建一个符号型函数 $f(x,y)$，可以看到在此设定中也自然创建了变量 x 和 y。

```
>> syms f(x,y),  f(x,y)=x^2*y
f(x, y) =
x^2*y
```

另一种创建符号型函数的方法要用到 symfun( ) 函数，用 f = symfun(x^2 * y, [x y])同样可以创建上面的符号型函数。函数创建后，可以对这个函数求值，比如将 $x=3$，$y=2$ 代入求值。

```
>> f(3,2)
ans =
18
```

还可以把数组代入这个函数求多个值，比如将 $x=1, 2, 3, 4, 5$，$y=3, 4, 5, 6, 7$ 代入求值。

```
>> f(1:5,3:7)
ans =
[ 3, 16, 45, 96, 175]
```

可以用 diff 命令对该函数进行微分。当然既可对 x 也可对 y 求微分。

```
>> dfx = diff(f,y)
dfx(x, y) =
x^2
>> dfx = diff(f,x)
dfx(x, y) =
2*x*y
```

如果把 $x=y+1$ 代入 dfx，则有

```
>> dfx(y+1,y)
ans =
2*y*(y + 1)
```

7.1.8　符号型矩阵

至少有三种方式创建一个符号型矩阵，即：用既有的符号型变量来构建符号型矩阵、同时创建新的符号型元素和符号型矩阵，以及创建由符号型常数组成的符号型矩阵。

因为在当前工作空间里已经有了符号型变量 a、b 和 c，可以直截了当地创建一个 3 行 3 列的循环矩阵。

```
>> A = [a b c; c a b; b c a]
A =
[ a, b, c]
[ c, a, b]
[ b, c, a]
```

循环矩阵的特点之一是各行或各列全部元素之和都相等。用熟悉的求和函数求第一行元素之和，再判断其与第 2 列元素之和是否相等。

```
>> sum(A(1,:))
ans =
a + b + c
>> isAlways(sum(A(1,:)) == sum(A(:,2)))
```

```
ans =
  logical
   1
```

逻辑值为真，说明该恒等式是成立的。

即便事前没有已经创建的符号型变量，仍然可以用 sym 函数同时创建新的符号型元素和矩阵。下面的例子里只要设定了变量名称、行数和列数，就能很方便地创建符号型矩阵，而且矩阵的元素都是符号型的，表达的方式也非常符合人们的数学书写习惯。

```
>> A = sym('A', [2 4])
A =
[A1_1, A1_2, A1_3, A1_4]
[A2_1, A2_2, A2_3, A2_4]
```

如果对元素下标的书写有更高的要求，可以用格式码%d 来限定，比如

```
>> A = sym('A% d% d', [2 4])
A =
[A11, A12, A13, A14]
[A21, A22, A23, A24].
```

创建由符号型常数组成的矩阵是第三种构建符号型矩阵的方式。这是一种非常有效的方式，它是直接将数值型矩阵转化成符号型常数的矩阵。以三阶希尔伯特矩阵转换为例说明，用 A=hilb(3)建立 3×3 的希尔伯特矩阵，再用 sym 函数将其转换成符号型。

```
>> A = hilb(3)
A =
         1        0.5    0.33333
       0.5    0.33333       0.25
   0.33333       0.25        0.2
>> A = sym(A)
A =
[   1, 1/2, 1/3]
[1/2, 1/3, 1/4]
[1/3, 1/4, 1/5]
```

7.2 MATLAB 解析运算

7.2.1 符号型表达式的微分

用 MATLAB 符号运算工具箱进行微分运算，包括单变量表达式的微分、偏微分、二阶或高阶微分及混合型微分。其中单变量表达式的微分函数为 diff( )，举例如下。

```
>> syms x, f = sin(x)^2; diff(f)
ans =
```

```
2 * cos(x) * sin(x)
```

对于多变量表达式，可以指定对哪个变量求偏微分，当没有指定具体变量时，MATLAB 将按照各变量在英文字母表中接近 x 的程度确定偏微分自变量。

```
>> syms x y,  f = sin(x)^2 + cos(y)^2;  diff(f)
ans =
2 * cos(x) * sin(x)
```

若要指定对变量 y 求偏微分，则用 diff(f, y)。

```
>> syms x y, f = sin(x)^2 + cos(y)^2;  diff(f,y)
ans =
-2 * cos(y) * sin(y)
```

表达式 $f(x,y)$ 对 y 求二阶偏微分时，用 diff(f, y, 2)的形式，也可以两次使用 diff( )。

```
>> syms x y,  f = sin(x)^2 + cos(y)^2;  diff(f,y,2)
ans =
2 * sin(y)^2 - 2 * cos(y)^2
>> diff(diff(f,y))
ans =
2 * sin(y)^2 - 2 * cos(y)^2
```

求混合偏微分的命令为 diff(diff(f, y), x)。

```
>> syms x y,  f = sin(x)^2 + cos(y)^2;  diff(diff(f,y),x)
ans =
0
```

7.2.2　符号型表达式的积分

用 MATLAB 符号运算工具箱进行积分运算，包括不定积分、定积分以及多重积分。单变量不定积分的函数是 int( )。求不定积分 $\int \sin^2 x dx$，其结果应该是 $\dfrac{x}{2} - \dfrac{1}{4}\sin 2x + C$，待定常数 C 在此没有体现。

```
>> syms x,  f = sin(x)^2;  int(f)
ans =
x/2 - sin(2 * x)/4
```

多变量积分仍然用 int( )函数进行，不过需要指定积分自变量。如果不指定积分自变量，则按照各变量在英文字母表中接近 x 的程度由 MATLAB 默认。下面三个例子的被积函数相同，但第一个是默认对 x 积分 $\int (x^n + y^n) dx$，第二个是指定对 y 积分 $\int (x^n + y^n) dy$，第三个是指定对 n 积分 $\int (x^n + y^n) dn$，需要将 n 设定为符号型变量。

```
>> syms x y n,  f = x^n + y^n;  int(f)
```

```
ans =
x * y^n + (x * x^n)/(n + 1)
>> syms x y n,  f = x^n + y^n;  int(f, y)
ans =
x^n * y + (y * y^n)/(n + 1)
>> syms x y n,  f = x^n + y^n;  int(f, n)
ans =
x^n/log(x) + y^n/log(y)
```

定积分仍然使用 int( ) 函数，其特殊之处是要指定积分上下限。下面的例子得到一个与 n 的取值有关的分段函数。

```
>> syms x y n,  f = x^n + y^n;  int(f, 1, 10)
ans =
piecewise(n = = -1, log(10) + 9/y, n ~ = -1, (10 * 10^n - 1)/(n + 1) + 9 * y^n)
```

如果 MATLAB 不能解出积分结果，它将返回原题。例如：

```
>> syms x,  int(sin(sinh(x)))
ans =
int(sin(sinh(x)), x)
```

7.2.3　求解符号型表达式的极限

求解表达式的极限问题特别能体现符号运算的优势。符号运算中求极限的函数是 limit，其语法格式为：

```
limit(f, var, a, 'left')
```

或

```
limit(f, var, a, 'right')
```

其中 f 表示将求解的符号型表达式，var 表示对其求极限的变量，a 表示求极限时的趋近点，'left' 和 'right' 表示从左边还是右边趋近极限点。从左边趋近表示 $L = \lim\limits_{x \to a^-} f(x)$，$x-a<0$，而从右边趋近则表示 $L = \lim\limits_{x \to a^+} f(x)$，$x-a>0$。

如果不指定 'left' 或 'right'，limit(f, var, a) 表示对 f 求 var 从双边趋近 a 时的极限；如果不指定变量 var，limit(f, a) 表示求解默认的变量从双边趋近 a 时的极限；如果连 a 都不指定，limit(f) 表示求默认变量趋近于 0 时的极限。

下面的例子求解 sinc x 函数在 x 趋近于 0 时的极限 $\lim\limits_{x \to 0} \dfrac{\sin x}{x}$，求极限时使用了罗必塔法则，对分子、分母同时求导数，该极限值为 1，应该是读者比较熟悉的。

```
>> syms x h,  f = sin(x)/x;  limit(f,x,0)
ans =
1
```

另一个例子是求解一个分式在变量 h 趋近于 0 时的极限 $\lim\limits_{h \to 0} \dfrac{\sin(a+h)-\sin(a-h)}{h}$，求极限时也使用了罗必塔法则。

```
>> syms a h,  f = (sin(a+h)-sin(a-h))/h;  limit(f,h,0)
ans =
2 * cos(a)
```

再用一个例子 $\lim\limits_{x \to 0} \dfrac{1}{x}$ 说明求左极限和右极限的情况，因为很多时候一个函数在变量从左边趋近某点和从右边趋近某点的极限值是不同的。这个例子的函数 $y = \dfrac{1}{x}$ 的图像如图 7-1 所示。

```
>> syms x,  f = 1/x;  limit(f,x,0,'right')
ans =
Inf
>> limit(f,x,0,'left')
ans =
-Inf
```

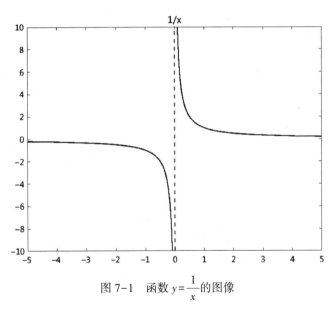

图 7-1　函数 $y = \dfrac{1}{x}$ 的图像

如果求解极限的对象是一个向量，也就是说多个表达式有序地排列在一个向量内，此时求极限的情况可以用下面的例子来说明，要求解的是两个元素表达式中当变量 x 趋于无穷大时的极限，求解结果，其中第一个元素的极限是 e^a，第二个元素的极限是 0。

```
>> syms x a,  V = [(1+a/x)^x exp(-x)];  limit(V,x,Inf)
ans =
[ exp(a), 0]
```

7.2.4　求解符号型代数方程及方程组

MATLAB 符号运算工具箱能够求解一元符号型代数方程、多元符号型代数方程和代数方程组。在 MATLAB 中单等号 "=" 表示赋值的意思，双等号 "==" 才表示相等的意义，因此定义一个方程需要用双等号，定义之后才能用 solve( ) 函数求解。

```
>> syms x,  solve(x^3 - 6 * x^2 = = 6 - 11 * x)
ans =
 1
 2
 3
```

如果没有定义方程的右边，solve( ) 函数默认其为零。

```
>> syms x,  solve(x^3 - 6 * x^2 + 11 * x - 6)
ans =
 1
 2
 3
```

如果一个方程中有多个符号型变量，用户可指定以某一个变量为未知量求解；如果没有指定未知变量，则 MATLAB 按照各变量在英文字母表中接近 x 的程度默认一个变量为未知变量。下面的例子指定了以 y 为未知变量求解，如果没有指定，则会默认 x 为未知变量。

```
>> syms x y,  solve(6 * x^2 - 6 * x^2 * y + x * y^2 - x * y + y^3 - y^2 = = 0, y)
ans =
    1
  2 * x
 -3 * x
```

下面以一个三元二次方程组 $\begin{cases} z=4x \\ x=y \\ z=x^2+y^2 \end{cases}$ 为例，介绍 MATLAB 求解多元方程组的语法格式。

```
>> syms x y z,  [x, y, z] = solve(z == 4 * x, x == y, z == x^2 + y^2)
x =
 0
 2
y =
 0
 2
z =
 0
 8
```

7.2.5　求解符号型微分方程及微分方程组

解符号型微分方程的求解器是 dsolve( )，下面用 MATLAB 符号运算工具箱帮助文件里的一系列例子来说明求解方法。dsolve( )有两种最基本的句法，即

（1）S = dsolve(eqn)用于解微分方程的通解，式中 eqn 是微分方程，S 是通解；

（2）S = dsolve(eqn, cond)用于解微分方程的特解，式中，eqn 是微分方程，cond 是初始条件或边界条件。

【例 7-1】　求一阶微分方程 $\dfrac{\mathrm{d}y}{\mathrm{d}x}=ay$ 的通解。

```
>> syms y(x) a,  eqn = diff(y,x) == a * y;  S = dsolve(eqn)
S =
C1 * exp(a * x)
```

即是 $y=C_1\mathrm{e}^{ax}$。

【例 7-2】　求二阶微分方程 $\dfrac{\mathrm{d}^2y}{\mathrm{d}x^2}=ay$ 的通解。

```
>> syms y(x) a,  eqn = diff(y,x,2) == a * y;  ySol(x) = dsolve(eqn)
ySol(x) =
C1 * exp(-a^(1/2) * x) + C2 * exp(a^(1/2) * x)
```

即是 $y=C_1\mathrm{e}^{-\sqrt{a}x}+C_2\mathrm{e}^{\sqrt{a}x}$。

【例 7-3】　求一阶微分方程 $\dfrac{\mathrm{d}y}{\mathrm{d}x}=ay$ 的特解，初始条件为 $y(0)=5$。输入初始条件就和输入方程一样，将其作为 dsolve( )的第二个输入参数。

```
>> syms y(x) a,  eqn = diff(y,x) == a * y;  cond = y(0) == 5;
>> ySol(x) = dsolve(eqn,cond)
ySol(x) =
5 * exp(a * x)
```

即是 $y=5\mathrm{e}^{ax}$。

【例 7-4】　求二阶微分方程 $\dfrac{\mathrm{d}^2y}{\mathrm{d}x^2}=a^2y$ 的特解，初始条件为 $y(0)=b,y'(0)=1$。

```
>> syms y(x) a b,  eqn = diff(y,x,2) == a^2 * y;
>> Dy = diff(y,x);  cond = [y(0)==b, Dy(0)==1];  ySol(x) = dsolve(eqn,cond)
ySol(x) =
 (exp(a * x) * (a * b + 1))/(2 * a) + (exp(-a * x) * (a * b - 1))/(2 * a)
```

即是 $y=\dfrac{\mathrm{e}^{ax}(ab+1)}{2a}+\dfrac{\mathrm{e}^{-ax}(ab-1)}{2a}$ 或 $y=\dfrac{1}{2a}[\mathrm{e}^{ax}(ab+1)+\mathrm{e}^{-ax}(ab-1)]$。遇到更高阶导数的初始条件，只需要照此办法定义 Dy2 = diff(y, x, 2)、Dy3 = diff(y, x, 3)，等等。

【例7-5】解微分方程组 $\begin{cases} \dfrac{\mathrm{d}y}{\mathrm{d}t}=z \\ \dfrac{\mathrm{d}z}{\mathrm{d}t}=-y \end{cases}$ 的通解。做法是先定义两个符号型函数 $y(t)$ 和 $z(t)$，再写出微分方程组放在 eqns 里面，然后调用求解器 dsolve(eqns)求解。

```
>> syms y(t) z(t),  eqns = [diff(y,t) == z, diff(z,t) == -y];  S = dsolve(eqns)
S =
  struct with fields:
    z: [1×1 sym]
    y: [1×1 sym]
```

发现得出了结构型的结果，但是还不能直接解读，要把结构里的函数分别调出来。

```
>> ySol(t) = S.y
  ySol(t) =
      C1 * cos(t) + C2 * sin(t)
>> zSol(t) = S.z
zSol(t) =
C2 * cos(t) - C1 * sin(t)
```

两个解合起来即是 $\begin{cases} y(t)=C_1\cos t+C_2\sin t \\ z(t)=C_2\cos t-C_1\sin t \end{cases}$。

其实也可以在调用求解器 dsolve(eqns)的时候指定输出量，就可以一步看到求解出的函数。

```
>> syms y(t) z(t),  eqns = [diff(y,t)==z, diff(z,t)==-y];
>> [ySol(t),zSol(t)] = dsolve(eqns)
  ySol(t) =
      C1 * cos(t) + C2 * sin(t)
  zSol(t) =
      C2 * cos(t) - C1 * sin(t)
```

如果一个微分方程得不到解析解，符号运算工具箱会返回一个空的符号型数组。例如前面介绍过的 Van der Pol 方程，当 $\mu=1$ 时方程为 $\ddot{y}=(1-y^2)\dot{y}-y$，用求解器求解时遇到了困难，找不到显式的解。

```
>> syms y(x),  eqn = diff(y, 2) == (1 - y^2) * diff(y) - y;  S = dsolve(eqn)
Warning: Unable to find explicit solution.
> In dsolve (line 190)
S =
[ empty sym ]
```

此时的解决办法是改用求解器 ode45( )来求数值型的解。数值型求解器 ode45( )是用来解常微分方程的，对于符号型的常微分方程也可应用。求解时先建立符号型方程 diff(y,2) == $(1-y\char`^2)$ * diff(y)-y，再用 odeToVectorField( )函数将二阶常微分方程化为一阶常微分方程组，最后得到数值型的解。下面命令中的 V 即是导数 $\dfrac{d}{dt}$ 列向量，在 $y(t)=y_1$ 的设定下，第一行的含义是 $y'(t)=y_2$。第二行是 $y''(t)=y''_1(t)=y'_2(t)=-(y_1^2-1)y_2-y_1$。

```
>> syms y(t),  eqn = diff(y,2) == (1-y^2)*diff(y)-y;
>>V = odeToVectorField(eqn)
V =
                        Y[2]
 - (Y[1]^2 - 1)*Y[2] - Y[1]
```

下一步是用 matlabFunction(V,'vars',{'t','Y'})函数生成 MATLAB 的函数句柄，在函数输入变量表中，V 是导数向量，'vars'表示这一对参数是要指定变量，{'t','Y'}表示所指定的自变量和函数名称。

```
>> M = matlabFunction(V,'vars',{'t','Y'})
M =
   包含以下值的 function_handle:
    @(t,Y)[Y(2);-(Y(1).^2-1.0).*Y(2)-Y(1)]
```

再下一步，设定积分区间 $[0\ 20]$，设定初始值 $[0\ 2]$，表示 $y(0)=0$，$y'(0)=2$，用 ode45( )求解器对句柄为 M 的常微分方程求解。

```
>> interval = [0 20];  yInit = [2 0];  ySol = ode45(M,interval,yInit);
```

至此，方程的求解已经完成，数据都存在数据结构 y_{Sol} 里。下一步需要设定时间向量，比如说叫作 t_{Values}，用 deval( )函数按照 t_{Values} 的设定对解出的 $y(t)$ 数据进行插值，将插值提取出来的数据放在一个和 t_{Values} 等长度的变量里，比如说叫作 y_{Values}，并画出 $y(t)$ 图像，结果如图 7-2 所示。命令如下：

```
>> tValues = linspace(0,20,100);      % 设定时间向量
>>yValues = deval(ySol,tValues,1);    % 提取函数值
>>plot(tValues,yValues)               % 绘图
```

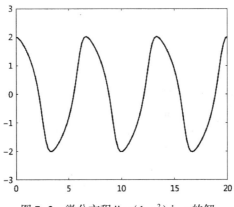

图 7-2　微分方程 $\ddot{y}=(1-y^2)\dot{y}-y$ 的解

7.2.6 符号型表达式的代入求值

1. 把数值代入表达式

用 subs( ) 函数可以把数值代入对符号型的代数式而求得代数式的值。比如要求得 $f(x) = 2x^2 - 3x + 1$ 在 $x = \dfrac{1}{3}$ 点的值，可以执行：

```
>> syms x,  f = 2 * x^2 - 3 * x + 1;  subs(f,1/3)
ans =
2/9
```

代入函数 subs( ) 并不改变变量 f 原有的表达式，如：

```
>> f
f =
2 * x^2 - 3 * x + 1
```

对于多变量的代数式，可以指定将数值代入某一个变量：

```
>> syms x y,  f = x^2 * y + 5 * x * sqrt(y);  subs(f, x, 3)
ans =
9 * y + 15 * y^(1/2)
```

也可将其中的某个变量替换成另一个变量：

```
>> subs(f, y, x)
ans =
x^3 + 5 * x^(3/2)
```

2. 把矩阵代入多项式

可以把数值型的矩阵代入符号型的多项式。代入的方式有两种，一种是各个元素逐一代入，另一种是按照矩阵乘法法则代入。下面的例子用的是各元素逐一代入法，要求矩阵是方阵或长方阵。

```
>> syms x,  f = x^3 - 15 * x^2 - 24 * x + 35.0;  A = [1 2 3; 4 5 6];  subs(f,A)
ans =
[312, 250,  170]
[ 78, -20, -118]
```

还可以用标准的矩阵乘法把矩阵代入多项式，例如将幻方矩阵代入多项式 f，可以先创建多项式 f 和幻方矩阵 A，用一个行向量存放多项式的各项系数。此时把幻方矩阵代入，替代各个 x 的角色，对于常数项，要使用单元矩阵代替 x 的零次方。

```
>> syms x,  f = x^3 - 15 * x^2 - 24 * x + 350;  A = magic(3)
A =
    8    1    6
    3    5    7
    4    9    2
```

```
>> b = sym2poly(f)
b =
     1   -15   -24   350
>> A^3 - 15 * A^2 - 24 * A + 350 * eye(3)
ans =
   -10    0    0
     0  -10    0
     0    0  -10
```

如果使用更简单的 polyvalm( )函数，同样可以得到相同结果。

```
>> polyvalm(b,A)
ans =
   -10    0    0
     0  -10    0
     0    0  -10
```

3. 符号型矩阵元素的替代

要替代符号型矩阵中的某个或某些元素，可以对某个位置上的元素赋以新值，也可以按照元素的值用 subs( )函数进行替代。再次沿用之前使用过的循环矩阵来说明这两种方式。

```
>> syms a b c,  A = [a b c; c a b; b c a]
A =
[ a, b, c]
[ c, a, b]
[ b, c, a]
>> alpha = sym('alpha');  beta = sym('beta');
>>A(2,1) = beta;                % 按元素位置赋以新值.
>>A = subs(A, b, alpha)         % 按元素值做替代
A =
[    a, alpha,    c]
[ beta,    a, alpha]
[ alpha,   c,    a]
```

7.2.7　符号型函数的绘图

用于绘制符号型函数图形的绘图函数有：绘制二维图形的 fplot( )、绘制三维图形的 fplot3( )、绘制极坐标图形的 ezpolar( )、绘制曲面的 fsurf( )和绘制网格图的 fmesh( )等。

1. 绘制显式函数

用 fplot( )绘制代数式 $x^3 - 6x^2 + 11x - 6$ 的二维图像，如图 7-3 所示。由图可见，符号型变量中不仅包括了函数值信息，还包括了标题写法的信息，用 texlabel( )即可将其用符合数学格式的方式显示出来。

```
>> syms x,  f = x^3 - 6 * x^2 + 11 * x - 6;  fplot(f)
>> xlabel('x'),  ylabel('y'),  title(texlabel(f)),  grid on
```

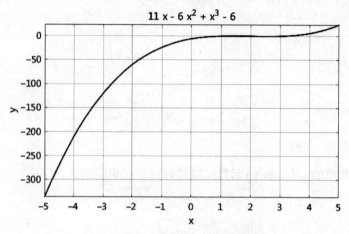

图 7-3　绘制符号型显式函数的图像

用 ezpolar( )绘制极坐标函数 $r=1+\cos t$ 在区域$[0,2\pi]$上的图像，如图 7-4 所示。由图可见，符号型极坐标绘图，会自动把函数式写到图的下方。

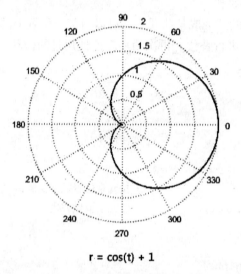

r = cos(t) + 1

图 7-4　函数 $r=1+\cos t$ 的极坐标图

2. 绘制隐式函数

用 fimplicit( )绘制方程$(x^2+y^2)^4=(x^2-y^2)^2$在区域$-1<x<1$的图像，结果如图 7-5 所示。

```
>> syms x y, eqn = (x^2 + y^2)^4 == (x^2 - y^2)^2; fimplicit(eqn, [-1 1])
>> xlabel('x'), ylabel('y'), title(texlabel(eqn))
```

3. 绘制符号型函数的三维图像

用 fplot3( )绘制参数方程的三维曲线图，如图 7-6 所示，方程和命令如下。

$$\begin{cases} x = t^2 \sin 10t \\ y = t^2 \cos 10t \\ z = t \end{cases}$$

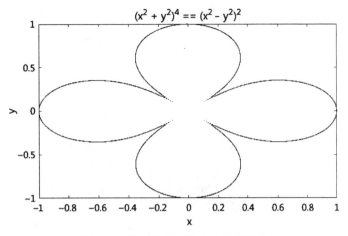

图 7-5　绘制符号型隐式函数的图像

```
>> syms t,  fplot3(t^2 * sin(10 * t),t^2 * cos(10 * t),t);
>>xlabel('x'), ylabel('y'), zlabel('z')
```

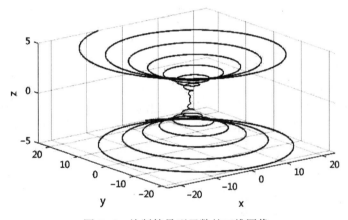

图 7-6　绘制符号型函数的三维图像

4. 绘制三维曲面图形和网格图形

用 fsurf( ) 绘制 $z = x^2 + y^2$ 的三维旋转抛物面图形，如图 7-7 所示。

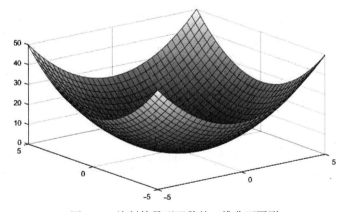

图 7-7　绘制符号型函数的三维曲面图形

```
>> syms x y,  fsurf(x^2 + y^2)
```

用 fmesh( ) 绘制 $z = x^2 - y^2$ 的三维马鞍面图形，如图 7-8 所示。

```
>> syms x y,  fmesh(x^2 - y^2)
```

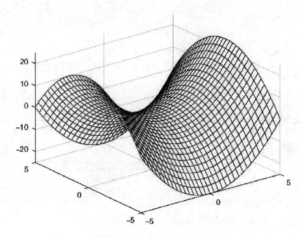

图 7-8 绘制符号型函数的三维网格图形

7.2.8 对符号型变量使用假设条件

这里所说的 "假设条件" 在英文原文中为 Assumption，其实质意义是指在哪个范围内进行符号运算。除了限定某一变量的定义域和某函数的值域，还可以综合性地限定几个变量之间的关系，比如对变量 a 和 b 限定 $a+b>0$ 的假设条件，这在数值型运算中是不能简单地达到的，因此介绍符号型变量的假设条件很有意义，尽管用户不一定很快就用到。在 MATLAB 符号运算工具箱里使用的变量默认是复数型的，如果用 syms z 命令将变量 z 设定为符号型的，那么 MATLAB 就认为 z 是复数型的符号型变量。

1. 为符号型变量设定假设条件

用 assume( ) 命令为符号型变量设定假设条件，例如要将变量 x 设定为非负变量，执行

```
>> syms x
assume(x >= 0)
```

这将用新设定的假设条件把先前为 x 设定的全部假设条件都替代掉，如果只是要在既有的条件之外添加新的假设条件，那就应使用 assumeAlso( )。对于刚刚设定过的 x 使用 assumeAlso (x, 'integer')，就使得 x 既具有非负条件，又具有整数条件，属于非负整数集。使用 assume( ) 和 assumeAlso( ) 可以将一个变量设定为属于下列集合之一：整数集、正数集、有理数集和实数集。用户也可以在设定符号型变量的同时设定假设条件，例如

```
>> a = sym('a', 'real');  b = sym('b', 'real');  c = sym('c', 'positive');
```

或者直接使用已经用过的 syms <变量表列>，只不过后面加上合适的假设条件，如

```
>> syms a b real,  syms c positive
```

把 a 和 b 设定为实数，而把 c 设定为正数。

2. 测试符号型变量的假设条件

用户随时可以用 assumptions( ) 测试函数来测试某一变量的假设条件。如果 z 是复数型的，那么使用 assumptions(z) 将返回空值。

```
>> syms z,  assumptions(z)
ans =
Empty sym: 1-by-0
```

若想要查看工作空间里所有变量的假设条件，可在命令行键入 assumptions，不指定任何变量名称。

3. 删除符号型对象的假设条件

符号型对象及其假设条件是分别存储的，如果用 syms x，assume(x, 'real') 将变量 x 设定为符号型实数变量，实际上创建了符号型对象 x 和 "对象 x 是实数" 的假设条件，符号型对象存储在 MATLAB 的工作空间里，而其假设条件存储在符号运算工作区里。如果用 clear x 从 MATLAB 工作空间里把 x 删去，而 "对象 x 是实数" 的假设条件仍保存在符号运算工作区里。如果之后又一次用 sym( ) 函数设定 x 为新的符号型变量，则新变量将继承之前 "对象 x 是实数" 的设定，而不是获得默认的假设条件。此时如果求解带有这个 x 的方程并进行化简，有可能会得不到正确的解。如果使用 syms x 来设定 x，那么现存的假设条件就都被清除了。这是 sym( ) 函数和 syms <变量表> 命令的重要区别。下面的例子可以看出变量 x 先被设定为实数型的，用 clear 命令清除后，又用 sym('x') 函数重新定义，并解出一元二次方程 $x^2 + 1 = 0$ 的解。

```
>> syms x real
>>clear x
>>x = sym('x');
>>solve(x^2 + 1 == 0, x)
ans =
Empty sym: 0-by-1
```

但是这个一元二次方程分明是有 +i 和 -i 两个复数解的，这说明 "对象 x 是实数" 的假设条件仍然储存在符号运算工作区里，因此该方程的复数解没能体现。要想彻底删除 "对象 x 是实数" 这个假设条件，应当使用 syms x 命令。当然这样做 x 仍然会出现在工作空间里，此时再用 clear x 清除不带有任何假设条件的变量 x 就非常彻底了。如果说用 clear 和 sym( ) 重建一个符号型变量有些拖泥带水，而用 syms 和 clear 重建一个符号型变量就像涅槃重生。

7.2.9　符号型对象与数值型对象的相互转化

1. 将数值型对象转化成符号型对象

7.2.8 节提及了 sym( ) 的重要缺点，但是其重要作用在于把数值型对象转化成符号型对象。sym( ) 函数尽量消除输入量中由于舍入造成的误差，用尽量小的整数 p 和 q 设法用 $\dfrac{p}{q}$、$\dfrac{p\pi}{q}$、$\sqrt{\dfrac{p}{q}}$、2^q 或 10^q 的形式来逼近输入的双精度数。例如

```
>> t = 0.1;  sym(t)
ans =
1/10
```

为说明这一逼近过程，先选三个量 $\frac{1}{7}$、π 和 $\frac{1}{\sqrt{2}}$，将其转换成近似数值量，

```
>> N1 = 1/7,  N2 = pi,  N3 = 1/sqrt(2)
N1 =
    0.14286
N2 =
    3.1416
N3 =
    0.70711
```

然后用 sym() 将这些近似数值的舍入误差消除，转换成符号型。

```
>> S1 = sym(N1),  S2 = sym(N2),  S3 = sym(N3)
S1 =
1/7
S2 =
pi
S3 =
2^(1/2)/2
```

2. 将符号型数转化成数值型数

将符号型数转化成数值型数的方法是使用 double() 函数。符号型数是准确的，而数值型数虽然是双精度数，但是有舍入误差。如果把符号型数 π 和 1/3 转化成双精度的数值型数，就可以看出差别。

```
>> symN = sym([pi 1/3])
   symN =
       [pi, 1/3]
>> doubleN = double(symN)
   doubleN =
       3.1416    0.3333
```

但是，符号型有符号型的优点，数值型有数值型的长处，两者皆不可偏废，原则是按照要解决的问题来选择正确的数据类型。

7.3 上机实践

1. 试以 $\tan\frac{\pi}{2}$ 为例比较符号型常数与数值常数的区别。

2. 试用符号型变量 a、b、x、y 建立一个 $y=y(a,b,x)$ 形式的椭圆方程，其中 a 为半长

轴，b 为半短轴。

3. 试求函数 $y(x) = \dfrac{\sin(x)}{x^2 + 4x + 3}$ 的一阶导数，并对微分结果化简。

4. 试求不定积分 $\displaystyle\int \sin^3 x \, \mathrm{d}x$。

5. 试求定积分 $\displaystyle\int_0^\pi x \sin x \, \mathrm{d}x$。

6. 试求极限 $\displaystyle\lim_{x \to \infty} \left(\dfrac{3x^2 - x + 1}{2x^2 + x + 1} \right)^{x^3/(1-x)}$。

7. 用符号型变量建立方程 $\begin{cases} x^2 + y^2 - 1 = 0 \\ 0.75x^2 - y + 0.5 = 0 \end{cases}$ 并求解。

8. 求解常微分方程 $4\ddot{y} + 4\dot{y} + y = 0$，初始条件是 $y(0) = 2, \dot{y}(0) = 0$。

9. 求解常微分方程 $y''' + 2y'' + y' + 2e^{-2x} = 0$，初始条件是 $y(0) = 2$，$y'(0) = 1$，$y''(0) = 1$。

10. 求解常微分方程 $y^{(4)} - 4\dddot{y} + 8\ddot{y} - 8\dot{y} + 4y = 2$。

11. 用符号型变量对应用题求解：轴线水平放置的椭圆柱形容器，椭圆水平轴为 8 m，垂直轴为 4 m，柱长为 5 m，注入 100 m³ 液体，求容器内的液位高度。对比第 5 章上机实践第 5 题的结果进行讨论。

12. 例 4-11 是使用数值方法绘制函数 $\rho = \cos 4\theta + 1/4$ 的极坐标图像，试用符号型方法绘制该函数的极坐标图像，θ 的范围是 $[0 \ 8\pi]$。

13. 用符号型变量绘制曲面网格图形，变量 x 的绘制范围是 $[-8 \ \ 8]$，y 的绘制范围是 $[-10 \ \ 10]$。函数为 $\begin{cases} R = \sqrt{x^2 + y^2} \\ z = \dfrac{\sin R}{R} \end{cases}$，绘制后与第 4 章例 4-16 作比较，尤其是 $z(0,0)$ 的情况有何不同。

第 8 章　MATLAB 与 C 语言的接口应用

MATLAB 语言在数组运算上具有简单、编程效率高与易学易用等特点，但它仍是一种解释型的语言。与 C 等高级语言相比较，存在运行速度低、算法保密性差、不易直接与硬件结合等缺点，导致了不能作为通用性的软件开发平台，而常见的 C 等高级语言编程灵活，但编程效率低。因此在实际的工程应用时，为了发挥 MATLAB 和 C 等高级语言的各自优势，降低程序的开发难度，缩短编程时间，希望通过一种外部接口文件作为桥梁，实现两者之间的无缝连接。为此 MATLAB R2019b 软件提供了一组 C++语言的外部接口程序 API（application program interface），如 C-MEX 函数文件，可实现 MATLAB 与通用的 C++编程平台之间的混合编程。本章将原版 C 语言与 MATLAB 混合编程内容进行了修改，讲解 MATLAB R2019b 与 C++两种语言数据之间，相互转换的 mxArray 结构、mx 和 MEX 外部接口的库函数及其 C-MEX 接口函数文件的结构，并以具体应用示例，说明 MATLAB 与 C++语言之间接口程序的实现方法。

8.1　MATLAB 外部接口概述

前面各章讲述了 MATLAB 语言基础内容，MATLAB 作为一个高级编程语言，不仅通过 MATLAB 及其函数文件，可完成一般的算法编程工作，而且与各类工具箱结合，能够较容易解决工程中的实际计算问题，如第 6 章讲述的 Simulink 工具箱，在实际工程问题分析时，可实现程序的模块化与仿真。

此外，MATLAB 软件还是一个具有强交互能力的系统软件，能够提供功能完备的外部应用程序接口 API，用户可以与其他软件结合，完成在多种语言基础上的算法混合编程与软件开发，如：与 C/C++语言、Fortran 语言和 Microsoft Office 软件 Execl 等软件的混合编程。MATLAB 软件提供的 API 标准接口，可完成以下主要工作。

（1）在 MATLAB R2019b 平台上，可对已有 C/C++等语言编写的函数代码实现调用，如：C-MEX 文件应用；又如，MATLAB Add-in 提供与 VC++直接混合编程的方法。

（2）利用 MATLAB 的函数引擎接口（IEngine），在 C/C++等语言平台上，可调用现有 MATLAB 程序和函数代码，例如：应用 Engine 文件，可在 C++语言中直接调用 MATLAB 语言命令。

（3）通过 MATLAB 提供的 API，C++等语言可实现读写 MATLAB 中任意的 mat 储存数据文件格式（文本、声音、图像等数据格式），例如：应用 MAT 文件，可在 C/C++语言中调用 mat 格式的数据文件。

（4）可与 Microsoft Office 软件 Execl、Access 之间完成混合编程，例如：Execl Link 软件插件能够在 MATLAB 语言与 Excel 之间进行数据交换。

（5）在 Windows 环境下，MATLAB 利用动态函数库 mexw64，可与其他语言所编程序进行数据通信。

（6）MATLAB 语言可以直接调用 Java 类文件。

延续本书短小精简的风格，本章仅以 MATLAB 与 C++语言之间的 C-MEX 接口函数及编程方法为例介绍 MATLAB 语言与其他语言间的混合编程，期望读者举一反三。

8.1.1　mxArray 数据结构

在 MATLAB 语言中的编程基本运算单位为矩阵，而在 C++等语言中仅有双精度类型、整型和字符型的定义，导致 MATLAB R2019b 与 C++等语言的变量之间数据结构格式定义不一致，因此要想实现 MATLAB 语言与 C++等语言混合编程，其关键问题在于如何实现 MATLAB 与其他语言之间的数据结构的相互转换。

为了在 C++语言中能够表示和转换 MATLAB 语言中的数据结构，MATLAB 语言提供了以 C++语言描述的一个特殊的 mxArray 数据结构的定义，结构能够在 C++语言中表示所有 MATLAB 数据类型。在用 C++语言编写的 mxArray 数据结构定义程序时，需要借助 MATLABrootR2019b\extern\include 的 matrix.h 库文件，数据结构定义应含有如下几个方面的信息内容：

（1）数据类型；

（2）数组维数值；

（3）描述数组每一维数的尺寸；

（4）如果数据类型为数值型，存储数据的变量值不仅是实数型，而且可以是复数型；

（5）如果数据类型为稀疏矩阵型（sparse），存储矩阵中非零元素的数值及其索引值；

（6）如果数据类型为结构体（structure），能够提供存储数据中各字段名及其字段数等信息。

例如：一个 mxArray 数据结构为[1, 2, 4; 6, 1, 5]的 2×3 的数组，其数据结构存储的信息内容如图 8-1 所示。

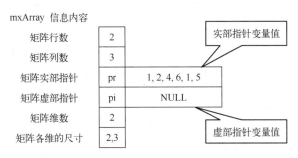

图 8-1　mxArray 存储矩阵类型的信息内容

如图 8-1 所示，mxArray 结构的矩阵信息分别存储在不同地址中，其中 pr 表示矩阵实部指针，对应的指针变量为矩阵所有元素的实部值；而 pi 表示矩阵虚部指针，其对应的指针变量为矩阵所有元素的虚部值。由于该示例为实数矩阵，没有元素的虚部值，因此 pi 为 NULL 值。

8.1.2　MATLAB 数据类型

在 MATLAB R2019b 与 C/C++混合编程时，通过 mxArray 数据结构来描述与保存的

MATLAB 所有数据信息（包括：双精度矩阵、非双精度矩阵、稀疏矩阵、元胞矩阵、结构体、对象、多维数组、空数组），完成两者语言之间数据转换。但获取上述 MATLAB 的数据结构信息，往往要通过复杂程序才能实现。为此在 mxArray 数据结构的 C++ 程序应用中，MATLAB 语言提供了一系列库函数，能够很便捷地完成这项工作。通过 C++ 语言的 mxClassID 枚举型变量定义的方法，存储与获取 mxArray 数据结构信息，在 MATLABroot \ extern\include 的 matrix.h 文件中，该枚举类型变量的定义表述如下：

```
typedef enum {
        mxUNKNOWN_CLASS = 0,            /* 未知类型 */
        mxCELL_CLASS,                   /* 元胞类型 */
        mxSTRUCT_CLASS,                 /* 结构体类型 */
        mxLOGICAL_CLASS,                /* 逻辑类型 */
        mxCHAR_CLASS,                   /* 字符串类型 */
        mxVOID_CLASS,                   /* 无类型类型 */
        mxSPARSE_CLASS,                 /* 稀疏类型 */
        mxDOUBLE_CLASS,                 /* 双精度类型 */
        mxSINGLE_CLASS,                 /* 单精度 */
        mxINT8_CLASS,                   /* int8 类型 */
        mxUINT8_CLASS,                  /* uint8 类型 */
        mxINT16_CLASS,                  /* int16 类型 */
        mxUINT16_CLASS,                 /* uint16 类型 */
        mxINT32_CLASS,                  /* int32 类型 */
        mxUINT32_CLASS,                 /* uint32 类型 */
        mxINT64_CLASS,                  /* int64 类型(备用) */
        mxUINT64_CLASS,                 /* uint64 类型(备用) */
        mxFUNCTION_CLASS,               /* 函数类型 */
        mxOPAQUE_CLASS,                 /* 不能确定的类型 */
        mxOBJECT_CLASS                  /* 对象类型 */
        #if defined(_LP64) || defined(_WIN64)
            mxINDEX_CLASS = mxUINT64_CLASS
        #else
            mxINDEX_CLASS = mxUINT32_CLASS
        #endif
} mxClassID;
```

在混合编程过程中生成的 C-MEX 文件时，程序经数据信息的分析，可确定枚举类型变量 mxClassID 的数据类型。

此外，在 matrix.h 文件中，为区分数值类型的实数与复数，也进行了枚举类型变量的定义，详细表述如下：

```
typedef enum {
        mxREAL,         /* 实数类型 */
        mxCOMPLEX       /* 复数类型 */
```

```
} mxComplexity;
```

上述 mxArray 数据结构的类型定义，使 C++语言中数据类型能够与所有 MATLAB 数据类型相互对应起来。但在运行 C++程序之前，必须安装 MinGW64 Compiler（C++），可登录 https://www.mathworks.com/support/compilers 进行 MinGW64 编译器安装。

为了能够深刻理解 mxArray 的数据结构含义，MATLAB 软件提供了一些应用程序示例，这些示例存储在 MATLABroot\extern\examples 中，其中 mex 子目录中的示例含有用 C++语言编写的程序，并能够在 MATLAB 环境下运行。

【例 8-1】 在 MATLABrootR2019b\extern\examples\mex 下已编写一个 explore.c 函数程序，函数输入参数为 MATLAB 语言中的数据，函数的输出参数为该数据的维数、尺寸和类型等信息。运行如下：

```
>> mex explore.c        % 编译成 explore.mexw64 文件
>>x = 3;
>> explore(x)
----------------------------------------------
Name: prhs[0]
Dimensions: 1x1
Class Name: double
----------------------------------------------
(1,1) = 3
```

在 MATLAB 的命令行窗口中键入以下的命令：

```
>> explore ([1,2,3 ;4,5,0])
>> explore (sparse(eye(5)))
>> explore ({'name','Joe Jones','ext', 7332})
```

分析相应的输出结果。

8.1.3　MATLAB 与 C 语言接口的库函数

MATLAB 软件与其他软件的连接是通过外部接口库函数来实现的，其中有 4 种与 C++语言有关的库函数，分别为 Engine 引擎库函数、MAT 函数库、MEX 库函数和 mx 库函数。例如：前面所介绍的 mxArray 数据结构都已经被封装在这些库函数中，通过 mx 库函数中的命令函数，可以获得 mxArray 结构的数据信息。

1. mx 库函数

以 C++语言表示的 mx 库函数能够为 MATLAB 语言提供一系列外部接口函数，这些函数都是以 mx 为前缀所表示的，在 C 语言中主要功能是提供建立、访问、操作与删除 mxArray 数据结构的方法，又如 mxGetPr 和 mxGetPi 函数命令，能够获取数据的实部与虚部指针。

mx 库函数的 C++语言表述，都存在于 MATLABrootR2019b\extern\include 的 matrix.h 文件中，关于各函数作用，将在以后内容中进行讲解，也可以参阅 MATLAB R2019b 软件所提供的帮助文件。

2. MEX 库函数

C 语言表示的 MEX 库函数是 MATLAB 应用程序接口函数所提供的一种库函数，函数名都是以 mex 为前缀所表示的，如：mexPrintf 和 mexCallMATLAB 等。主要功能是完成与 MAT-LAB 软件环境的交互任务，从 MATLAB 环境中获取必要数据，并且返回一定的信息，包括：文本提示和数据阵列等，但这类函数仅能用于 C-MEX 文件中。该库函数的 C++语言表述，存在于 MATLABroot\extern\include 的 mex.h 文件中。

8.2   C-MEX 文件的实现

C-MEX（MATLAB Executable）文件是按一定规定要求所编写的 C++语言程序，可经 MATLAB 语言解释器，可成为自动装载与运行的动态链接库函数。在不同的操作系统中，C-MEX 的执行文件的扩展名也不同，如：在 Windows 系统中，该函数执行文件的扩展名为 mexw64。

8.2.1   C-MEX 文件简介

C-MEX 文件的使用极为方便，只需在 MATLAB 环境中键入文件名及其输入参数即可，使用方法与 MATLAB 语言中的内函数调用方式完全相同，也称作函数文件。当 MATLAB 系统存在名称相同的两种类型的执行文件时，MATLAB 语言中解释器规定，C-MEX 的执行文件将优先于 MATLAB 及其函数文件，所以 MEX 文件能够被优先执行，这样，用户可以通过接口程序，将已开发的 C/C++子程序移植到 C-MEX 文件中，在 MATLAB 平台中可直接调用这些程序，实现提高运行效率的目的。C-MEX 能完成以下工作：

（1）MATLAB 可以使用已有 C/C++等语言代码，不必重复编写相应的 MATLAB 文件；

（2）对影响 MATLAB 运算速度的 for 和 while 的循环语句，可以编写相应 C 语言等子程序，并编译成 C-MEX 文件，解决了 MATLAB 语言运行速度慢的瓶颈问题；

（3）对于重要算法成果，可以实现程序隐藏，起到保护知识产权的作用；

（4）借助 C-MEX 文件可对硬件设备实行控制，克服 MATLAB 语言的不足，并拓展其能力。

当然，不是所有的程序都必须应用 C-MEX 文件来实现。由于 MATLAB 编程效率很高，在一般编程时，应尽量使用单一的 MATLAB 语言编写，只是对耗时大或 MATLAB 语言功能受到限制的部分程序采用 C-MEX 编写。在详细阐述 MEX 指令与文件结构之前，以简单的 C-MEX 文件代码，简述文件基本运行过程。

【例8-2】编写一个 C-MEX 文件，在 MATLAB 环境中输出一字符串。该文件名为 Mig.c，程序代码如下：

```
01  #include "mex.h"                                    /*含有 MEX 库函数的头文件 */
02  void mexFunction (int nlhs, mxArray                 /*C-MEX 文件与 MATLAB 语言
03    *plhs[], int nrhs, const mxArray *prhs[])         之间的接口函数 */
04    {
05       mexPrintf("MATLAB is great!\n");               /*C-MEX 文件 C 程序内容 */
06    }
```

上述 C-MEX 文件的编辑工作可在任意纯文本编辑器中完成，如：Windows 系统中写字板、记事本，也可以在 MATLAB 语言的编辑器（meditor）进行。当采用 meditor 编辑时，如

果有错误发生，将会显示相应的错误信息，如：将 C++语言的 ";" 写成 ","等。

其中 04 行的 mexPrintf 函数是 mex 库函数中的一个接口输出函数，其功能相当于 MATLAB 语言的 disp 命令。由于在 mex.h 中有 "#define printf mexPrintf" 的定义，表示 MATLAB 已经内置了 printf 函数，因此在执行程序时，不必连接 stdio.h 头文件。

在编辑完成之后，将文件名设置为 Mig.c，保存至 MATLABroot 或选定的目录中，之后在 MATLAB 环境的命令行窗口中，键入如下命令：

```
>> mex  Mig.c
键入 Enter 回车键
使用 'MinGW64 Compiler (C)' 编译
MEX 已成功完成
```

mex 命令由两部分组成，mex 为 C-MEX 文件的编译指令，另一部分为所编辑的 C-MEX 文件，如上述 Mig.c 文件。如果编辑成功，在当前目录中可产生执行的 64 位动态链接函数 Mig.mexw64。扩展名 mexw64 表明 MATLAB 处在 Windows 64 位操作系统环境下。在上述编译完成之后，可运行 C-MEX 文件的编译 Mig.mexw64。在 MATLAB 的命令行窗口中，键入的命令，并可输出结果如下：

```
>> Mig
MATLAB is great
```

此外，也可使用 mexext 指令，获取 C-MEX 函数的扩展名。

```
>> mexext
mexw64
```

例：arrayProduct. c 的程序是 MATLAB 软件自带一个以 C 语言编写的接口函数，其函数输入为两个参数，第一个参数为实数标量，第二个参数为实数标量或数组；其输出参数为两个输入参数的积。在 Current Directory 为 MATLABrootR2019b\extern\examples\mex 中，可以看到该函数源程序。在命令行窗口中，键入如下命令：

```
>> mex arrayProduct.c;
使用 'MinGW64 Compiler (C)' 编译
MEX 已成功完成
>> x = 2 ;
>> y = [1 4];
>> z = arrayPorduct(x,y)
z =
    2    8
```

8.2.2　mex 指令及环境建立

1. mex 指令

在编译例 8-2 中使用的 mex 指令是 MATLAB R2019b 软件的一部分，使用 mex 指令能够生成 C++语言的 MEX 函数。在 MATLAB 的命令行窗口中，键入 help mex 能够得到其指令的详细解释。完整 mex 指令的主要格式如下：

```
mex filenames
mex option1 ... optionN filenames
mex -setup lang
mex -setup -client engine [lang]
```

其中，option1 ... optionN 为 MEX 指令的命令行参数选项，如表 8-1 所示；

　　　Filenames 为生成 MEX 文件的所有 C++ 文件；

　　　lang 用于选择给定编译器，通常 lang 选择 Fortran 或 C++ 编译器；

　　　-client engine 用于选择用来编译引擎编译器；

　　　-setup 是 MEX 中一种设置命令参数，上述为设置编译器功能。

在 C++ 语言中，程序从原代码到执行文件的生成，包含编译与链接两个步骤。由 mex 命令格式表明，仅通过一个步骤，原文件便可生成 C-MEX 的执行文件，但实质上整个过程仍需要两个步骤完成，如果想了解整个过程的细节或对两个步骤进行控制，可采用多种 MEX 设置命令参数来实现，具体参数如表 8-1 所示。

表 8-1　　mex 命令行参数

@ rspfile	使用 Windows RSP 文件
-c	完成编译，不要编译二进制 MEX 文件
-f filepath	指定编译的文件名与路径
-g	建立包含 debug 信息的 MEX 文件，用于调试
-h[elp]	列出所有 MEX 指令全部的帮助信息
-silent	隐藏信息性消息
-O	生成优化对象代码
-outdir dirname	将所有输出文件放在文件夹 dirname 中
-output mexname	指定创建 MEX 文件的名称
-setup	MEX 编译器的默认设置
-v	输出全部编译器和链接器的设置

【例 8-3】 在例 8-2 中，在 MATLAB 默认的工作目录下，采用的是 mex 命令参数方法，也可以直接调用与编译 explore.c 函数文件。在命令行窗口中，键入如下命令即可：

```
>>mex -v D:\MATLABroot \extern \examples \mex \explore.c
```

可以看到整个编译过程。

注意：当使用 mex 命令编译、链接多个源程序时，第一个源文件一定是 C-MEX 文件，生成的执行文件名称为该源文件名称。

2. mex 编译环境建立

在编译生成可执行的 C-MEX 文件时，mex 指令要求计算机具备两个基本条件，首先要安装 MATLAB 软件及其外部接口库函数；其次要求有适合的 C/C++ 语言编译器。此外，在上述的基础上，在编译 C-MEX 文件时，还需要在 MATLAB 环境中完成编译器的选择，告知与引导当前 MATLAB 软件选用的编译器类型与路径,这样就完成了 MEX 环境的建立。不同版本之间选用设置编译器方法有所差别,下面以 Windows 操作系统为例,分别介绍 MATLAB R2010 与 R2019b 版本的设置具体方法。

在 MATLAB R2010 环境下,配置 C-MEX 编译器的方法,共分为以下四个步骤。

(1) 在 MATLAB 的命令行窗口中,键入下面的命令:

```
>> mex -setup
```

MATLAB 系统输出如下内容:

```
Please choose your compiler for building external interface (MEX) files:
Would you like mex to locate installed compilers [y]/n?
```

选项 "[y]/n" 表示在当前系统平台下,是否让 mex 指令自动搜索与输出已安装的编译器。选择 "y" 表示同意,反之为 "n",表示让 mex 指令列出 MATLAB 所支持的全部编译器,供用户自己指定。

(2) 假设键入 "y" 时,mex 指令完成的结果为:

```
Select a compiler:
    [1] Lcc C version 2.4 in E:\MATLAB711\sys\lcc
    [2] Microsoft Visual C/C++ version 6.0 in E:\Program Files\vc6.0\MSDev98
    [0] none
    Compiler:
```

输出表示目前用户仅安装了 MATLAB 711 自带的 C 编译器和 Microsoft Visual C/C++ 6.0 编译器。

(3) 选取编译器。表示用户选择某一个序号为 C-MEX 文件的默认编译器。假如键入 1 键,表示选择 MATLAB 自带 Lcc 编译器,将有如下输出:

```
Please verify your choices:
Compiler: Lcc C2.4.1
Location: E:\MATLAB711\sys\lcc
Are these correct? ([y]/n):
```

(4) 确认 Lcc 编译器的路径。选择 "y" 表示当前的编译器路径是正确的,这样 mex 指令将对 MATLAB 系统进行编译器的默认配置,若配置成功将显示如下信息:

```
The default options file:
C:\Documents and Settings\zj\Application Data\MathWorks\MATLAB\R14SP3\
mexopts.bat from template: E:\MATLAB711\BIN\win32\mexopts\lccopts.bat
```

在 Lcc 编译器成功配置完成之后,便可以进行 C-MEX 文件的编辑、编译与链接。

通常有两个较为方便的编辑环境:一是应用 MATLAB 自带的程序编辑器,方法是在命令行窗口中键入 edit 命令即可,二是可采用各种文本编辑器,如:Windows 系统提供的写字板。在编译的 C++程序之后,生成执行文件的扩展名应为 mexw32。

在 MATLAB R2019b 环境下,配置 C-MEX 编译器的方法,共分为以下 2 个步骤。

（1）在 MATLAB 的命令行窗口中，键入下面的命令：

```
>> mex -setup
```
MEX 配置为使用'MinGW64 Compiler (C)'以进行 C 语言编译。
警告：MATLAB C 和 Fortran API 已更改,现可支持
包含 2^32-1 个以上元素的 MATLAB 变量.您需要
更新代码以利用新的 API。
您可以在以下网址找到更多的相关信息：
https://www.mathworks.com/help/matlab/matlab_external/upgrading-mex-files-to-use-64-bit-api.html。
要选择不同的语言,请从以下选项中选择一种命令：
```
mex -setup C++
mex -setup FORTRAN
```

如果在安装 C++编译器之前，已安装过 R2010 的 Lcc 编译器，会有上述警告提示，同时给出安装 Win64 位的网址。这样可按安装导向，完成 MATLAB 2019b 的 mingw 软件的下载与安装。

（2）编译器选择。

```
>>mex -setup C++
```

MEX 配置为使用'MinGW64 Compiler (C++)'以进行 C++ 语言编译。这样完成 MinGW64 Compiler (C) 的设置。

注：本章所有 C++与 MATLAB 混合程序，在 MATLAB R2019b 环境条件下完成编译。

8.2.3　C-MEX 函数文件结构

在编写 C-MEX 函数文件的源代码时，必须掌握文件结构，该文件结构是由两部分组成的：一部分是纯 C++语言代码部分，是由用户编写完成的程序，称为用户程序，如例 8-2 中的 05 行的内容；另一部分是用户程序与 MATLAB 环境之间的接口函数，完成两者语言之间的数据通信任务，该函数含有 C-MEX 程序定义的入口地址、函数输入参数（MATLAB 向 C-MEX 传递的参数）、函数输出参数（C-MEX 向 MATLAB 传递的参数）和调用 C++语言编写的用户子程序，接口函数的标准名称为 mexFunction，如：例 8-2 中的 02 和 03 行的内容。

1. C-MEX 函数文件结构

mexFunction 函数的作用与一般的 C 程序设计中的 main 函数功能类似，函数文件结构在 mex.h 中已有定义，因此在编写 C-MEX 文件时，源代码必须包括 "mex.h" 头文件。函数文件结构定义如下：

```
void mexFunction(int nlhs, mxArray *plhs[],
                 int nrhs, const mxArray *prhs[])
{
        /*用户程序 C 代码(包括调用子程序代码)*/
}
```

其中函数参数含义如表 8-2 所示。

表 8-2　mexFunction 函数参数说明

int nlhs	函数输出参数的个数
mxArray ＊ plhs[ ]	输出参数为 mxArray 结构的指针数组变量
int nrhs	函数输入参数的个数
const mxArray ＊ prhs[ ]	输入参数为 mxArray 结构的指针数组变量

为了能够充分地理解接口函数 mexFunction 各参数的意义，我们以下述例题进行讲解。

【例 8-4】利用 mexFunction 函数，编写含有两个输入参数 x，y 和向 MATLAB 输出参数 $z=10\sin x+y$ 的 C-MEX 函数文件，其编写程序如下：

```
01  #include "mex.h"                          /*MEX 库函数的头文件*/
02  #include "math.h"                         /*C 语言数学库的头文件*/
03  void mexFunction(int nlhs, mxArray *plhs[],   /*mexFunction 函数*/
04              int nrhs, const mxArray *prhs[])
05  {
06      double *x,*y,*z;                      /*定义 3 个 C 的指针变量*/
07      double Realdata=10;                   /*定义 1 个 C 的变量并赋值*/
08      plhs[0]=mxCreateDoubleScalar          /*创建 mxArray 结构的输出标量内存*/
                (mxDOUBLE_CLASS);             /*数据类型是双精度*/
09      x=mxGetPr(prhs[0]);                   /*获取第一个输入参数的指针,赋给 x*/
10      y=mxGetPr(prhs[1]);                   /*获取第二个输入参数的指针,赋给 y*/
11      z=mxGetPr(plhs[0]);                   /*获取输出参数的指针,赋给 z*/
12      *z=(Realdata)*sin(*x)+(*y);           /*计算式*/
13      return;
14  }
```

程序中的各函数的功能如下。

（1）mxGet 类函数：从函数的 prhs[0]和 prhs[1]两个输入参数地址、函数的 plhs[0]输出参数地址中提取数据信息。

（2）mxCreate 函数：创建 mxArray 的各种类型的数据结构。在该程序中，创建一个数据结构为标量的内存空间，供输出参数 plhs[0]使用，且数据类型是双精度。

上述程序中的两个 mx 函数具体意义，将在 8.3 节中讲解。

C-MEX 文件在 MATLAB 与 C 语言之间的数据交换的过程如图 8-2 所示。

设 C-MEX 程序名为 fun2t1.c，并行保存。用 MATLAB 2019b 自带编译器 C++完成编译（注：本章所有程序均使用该编译器完成）。在 MATLAB 的命令行窗口中，键入下面的命令：

```
>> mex fun2t1.c;
使用 'MinGW64 Compiler (C)' 编译
MEX 已成功完成
>> a=pi/2;
>> b=1;
```

```
>> c = fun2t1(a,b)
c =
    11
```

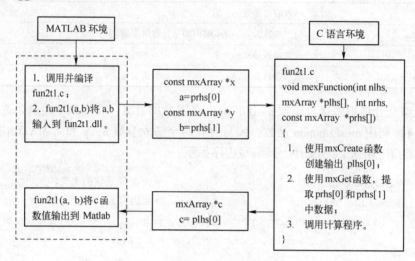

图 8-2　C-MEX 文件数据交换流程图

利用上述函数可编写一个 M 文件如下，其运行结果如图 8-3 所示。

```
x = 0:0.01:pi;
a = 3;
b = pi/4;
c=2;
d=pi/3;
y=fun2t1(a, b) * sin(x) + fun2t1(c, d)^2 * cos(x);
plot(x,y), grid on
```

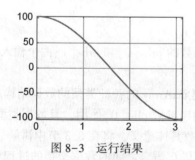

图 8-3　运行结果

再分析另一个 fun4t3 函数文件，其代码片段形式如下：

```
#include "mex.h"                    /* MEX 库函数的头文件 */
void mexFunction(int nlhs, mxArray *plhs[],    /* 接口函数声明 */
        int nrhs, const mxArray *prhs[])
{
    nlhs = 3;                      /* 表明函数有 3 个输出参数 */
    nrhs = 4;                      /* 表明函数有 4 个输入参数 /*
```

/*C 程序 */	/*C 程序必须使用输入的 4 个参数 prhs[0]、prhs[1]、prhs[2]和 prhs[3]完成编程计算。*/
plhs[0]=mxCreate…	/* 创建 plhs[0]输出参数为 mxArray 型结构 */
plhs[1]=mxCreate…	/* 创建 plhs[1]输出参数为 mxArray 型结构 */
plhs[2]=mxCreate…	/* 创建 plhs[2]输出参数为 mxArray 型结构 */
/*C 程序 */	/*C 程序必须对输出的 3 个参数 plhs[0]、prhs[1]和 prhs[2]进行赋值。*/

```
}
```

假设在 MATLAB 命令行窗口中调用该 C-MEX 函数文件，应以如下方式键入：

```
>>[x,y,z]= fun4t3(a,b,c,d);
```

由于 nlhs 为 3，则函数的输出参数 plhs[0]、plhs[1]和 plhs[2]分别对应 x、y 和 z 值，另外 nrhs=4，则函数的输入参数 prhs[0]、prhs[1]、prhs[2]和 prhs[3]分别对应 a、b、c 和 d 值。

2. C-MEX 文件的内存管理机制

在 MATLAB 语言应用程序中，内存管理机制（内存分配与释放）的工作是由 MATLAB 的解释器自动完成。当 C-MEX 文件执行完毕退出时，系统只保留函数文件的 plhs[ ]参数，其他的所有内存变量，包括通过定义函数所分配的内存，都会被自动地释放掉。尽管如此，MATLAB 仍提供了一些函数，建议用户在编写 C-MEX 应用程序时使用它们，可以主动地释放临时变量所占用的内存空间，因为这样做要比依赖 MATLAB 更有效。以下介绍 mxDestroyArray、mxFree 函数使用功能和 mxArray 指针变量的赋值方法。

（1）mxDestroyArray 函数

通过 mxDestroyArray 函数，可释放 mxCreate 系列函数所分配的内存，其定义如下：

```
void mxDestroyArray(mxArray * pm);
```

该函数的输入参数是 mxArray 结构的数据指针。如果函数操作成功，则 * pm 指针变量的数据将全部释放。

注意：在编写 C-MEX 函数文件时，如果函数内部创建的变量作为函数的输出参数 * plhs[ ]，一定不能用该函数将其释放，否则在 C-MEX 程序运行时，将无输出结果。

（2）mxFree 函数

通过 mxFree 函数，能够释放由 mxMalloc、mxRealloc、mxCalloc 函数所分配的内存。该定义如下：

```
void mxFree (void * ptr)
```

上述 mxMalloc 等函数的功能与标准 C 语言中的 malloc、realloc、calloc 类似，如表 8-3 所示。

表 8-3　mxMalloc 等函数功能

函　数　名	功　　　　能
mxMalloc	用 MATLAB 内存管理器动态分配内存
mxRealloc	用 MATLAB 内存管理器重新分配内存
mxCalloc	用 MATLAB 内存管理器动态分配内存

（3）mxDuplicateArray 函数

在 C-MEX 程序中，会含有一些 mxArray 结构的指针变量，按照内存管理机制的要求，在它们之间相互赋值时，不能以指针相等形式作为运算式，必须采用上述函数，其定义如下：

```
mxArray *mxDuplicateArray(const mxArray * in);
```

函数的输入参数是将要复制的指针变量数据，输出参数则为输入数据的副本。上述函数使用如下列程序片段所示。

```
void mexFunction(int nlhs, mxArray * plhs[],          /*接口函数声明*/
          int nrhs, const mxArray * prhs[])
{
    mxArray * Tempvar;
    …
    Tempvar = prhs[0];                                /*错误*/
    Tempvar =mxDuplicateArray(prhs[0]);               /* 正确 */
    plhs[0] = prhs[0];                                /*错误*/
    plhs[0] = mxDuplicateArray(prhs[0]);              /* 正确 */
    …
    mxDestroyArray(Tempvar);                          /* 正确 */
    mxDestroyArray(plhs[0]);                          /*错误*/
    return;
}
```

8.3　mx 与 MEX 接口函数

在 C-MEX 混合编程时，仅通过 mxArray 结构的各字段，直接寻找数据的具体信息，完成对不同数据类型的定义是十分困难的。即便可以完成，在直接使用 mxArray 数据时，为了获取或定义数据的每一项信息，也必须通过相对应的类型指针来完成，这样会增加 MATLAB 与 C++语言的数据结构之间的相互转换难度。

那么如何简单地将 mxArray 类型转换为 C++语言可直接使用的基本数据类型（如 double 和 int 等），或者如何将 C++语言的基本数据类型转换为 mxArray 类型，是提高 C-MEX 编程与运行效率的关键问题。幸运的是通过 MATLAB 所提供的一系列 API 函数，可解决上述存在的问题。这些接口函数集组成了 mx 库函数，它在 mxArray 数据结构中，能够完成各种数据类型创建等工作。此外，API 函数的 mex 库函数能够实现 C-MEX 文件调用 MATLAB 内部函数的目的。

8.3.1　数值矩阵的创建

MATLAB 有两种基本的数据类型，分别是双精度数据和字符串类型，其中数据类型的表现形式分别为标量、向量、矩阵和多维的数组，这些形式都可以通过数值矩阵或数组来描述。通过 mx 库函数，讲解在 C-MEX 外部接口程序中，如何创建 mxArray 结构的数值矩阵及其使用方法。

1. 创建标量的函数及前缀为 mxGet 的典型函数

（1）创建标量的函数

标量是只有一个元素的矩阵，矩阵尺寸是 1×1 的。通过 mx 库函数，创建 mxArray 标量结构的方法很简单，只需应用 mxCreateDoubleScalar 函数，在 C-MEX 中创建一个 mxArray 结构的指针（内存空间），并能够存储一个双精度型的指针变量。函数形式如下：

```
mxArray *mxCreateDoubleScalar(double var);
```

函数仅有一个输入参数，该参数可定义 mxArray 为一个双精度类型的标量。函数可用以下程序片段来实现：

```
mxArray *rd;                      /*仅定义1个mxArray结构的指针变量*/
double var;                       /*C语言定义一个双精度的变量*/
rd= mxCreateDoubleScalar(var);    /*通过var,完成*rd数据类型信息的确定*/
                                  /*并借助mx库函数完成rd指针的创建*/
```

借助 matrix.h 文件中的枚举类型变量定义，上述程序片段三条语句可以通过一条语句表述：

```
rd= mxCreateDoubleScalar(mxDOUBLE_CLASS);
```

这里的 mxDOUBLE_CLASS 能够完成双精度 rd 指针的创建。

【例 8-5】编辑一个 C-MEX 接口函数文件，完成一个双精度实数标量向 MATLAB 输入。

```
01  #include "mex.h"                         /*库函数的头文件*/
02  #include "math.h"
03  void mexFunction(int nlhs, mxArray       /*接口函数声明*/
04   *plhs[],int nrhs, const mxArray *prhs[])
05  {
06    double *x,*y;                           /*C语言定义两个指针变量*/
07    *x=3.1415/2;                            /*对其中一个变量赋值*/
08    plhs[0]=mxCreateDoubleScalar(*x);       /*创建双精度指针为函数输出参数类型*/
09    y=mxGetPr(plhs[0]);                     /*获取plhs[0]的指针*/
10    *y=10*sin(*x);                          /*运算表达式*/
11    return;
12  }
```

注意在程序中缺少一个"mxArray * plhs[0];"语句定义，是由于在 03 行的 mexFunction 接口函数已有声明。设 C-MEX 程序名为 funsl.c，在 MATLAB 的命令行窗口中，键入下面的命令：

```
>> mex funsl.c;
使用 'MinGW64 Compiler (C)' 编译
MEX 已成功完成
>> funsl
```

```
funsl =
    10
```

（2）前缀为 mxGet 的典型函数

在例 8-4 和例 8-5 中都出现过以 mxGet 为前缀的函数，这类函数有很多个，较为典型的函数如表 8-4 所示。其中 mxGetPr 和 mxGetPi 函数是最常用的，详细用法请参阅 MATLAB 提供的帮助文件。

表 8-4 前缀为 mxGet 的典型函数

函　数　名	功　　能
mxGetPr	获取数据数组中实数部的指针
mxGetPi	获取数据数组中虚数部的指针
mxGetM	获取数组的行数
mxGetN	获取数组的列数
mxGetString	获取字符串数组的内容
mxGetlogicals	获取逻辑数组的指针
mxGetScalar	获取数组实数部的第一元素值
mxGetIr	获取稀疏矩阵行索引数组指针
mxGetJc	获取稀疏矩阵列索引数组指针

① mxGetPr 函数。

功能：针对 mxArray 数据类型，函数能获取数据数组中实数部的指针。

使用方法：double   * mxGetPr(const mxArray * pm)

说明：函数仅有一个输入参数 * pm，它是已知 mxArray 数组结构的指针变量，输出参数（函数获取的参数）是 * pm 变量中的双精度实数部指针。

② mxGetPi 函数。

功能：当 mxArray 数据类型是复数类型时，函数能获取数据数组中虚数部的指针。

使用方法：double   * mxGetPi(const mxArray * pm)

说明：函数仅有一个输入参数 * pm，它是已知 mxArray 结构的复数类型指针变量，输出参数（函数获取的参数）是 * pm 变量中的双精度虚数部指针。

2. 创建向量与矩阵

在 C++语言中向量和矩阵都可以看作为二维数组，行与列向量分别为 $1 \times n$ 与 $n \times 1$ 的二维数组（矩阵），所以在 C++语言中创建 mxArray 类型的向量和矩阵都是使用同一个函数。创建一个双精度类型矩阵的使用函数是 mxCreateDoubleMatrix，函数实质是在 C-MEX 中创建 mxArray 结构的指针，并能够存储一个双精度型的矩阵变量。该函数的定义如下：

```
mxArray *mxCreateDoubleMatrix(mwSize m, mwSize n, mxComplexity
                          ComplexFlag);
```

函数有 3 个输入量参数，m 和 n 参数分别为矩阵的行数与列数，第三个参量 mxComplexity ComplexFlag 是用来确定矩阵数据类型的参量，通过 matrix.h 文件中的 mxComplexity 枚举类型变量定义的类型，即实数与复数类型分别为 mxREAL 和 mxCOMPLEX。输出参数是一个 mx-

Array 的矩阵变量指针。

创建一个 $m{\times}n$ 的实数矩阵的程序片段如下：

```
mxArray *rd;                            /*仅定义一个 mxArray 结构的指针变量*/
rd= mxCreateDoubleMatrix (m, n, mxReal);/*确定 *rd 数据类型信息和创建 rd 指针*/
```

【例 8-6】编辑一个 C-MEX 接口函数文件，完成一个双精度复数矩阵向 MATLAB 的输入。

```
include "mex.h"                          /*库函数的头文件*/
#include "math.h"
void mexFunction(int nlhs, mxArray *plhs[],     /*接口函数声明*/
          int nrhs, const mxArray *prhs[])
  {
      double *rd, *id;                   /*定义 2 个 C 的指针变量*/
      double rdata[]={8,9,1,4,5,6};      /*定义一个复矩阵实数部数组*/
      double idata[]={1,2,3,4,5,6};      /*定义一个复矩阵虚数部数组*/
plhs[0]=mxCreateDoubleMatrix(3,2,mxCOMPLEX);
                                         /*创建输出参数为 3×2 复矩阵结构*/
      rd=mxGetPr(plhs[0]);               /*获取 plhs[0]矩阵中实部数据指针*/
      id=mxGetPi(plhs[0]);               /*获取 plhs[0]矩阵中虚部数据指针*/
      memcpy(rd,rdata,6*sizeof(double)); /*C 语言变量之间的数值复制*/
      memcpy(id,idata,6*sizeof(double)); /*C 语言变量之间的数值复制*/
      return;
  }
```

设 C-MEX 程序名为 funmc.c，在 MATLAB 的命令行窗口中，键入下面的命令：

```
>> mex funmc.c;
使用 'MinGW64 Compiler (C)' 编译
MEX 已成功完成
>> funmc
funmc =
      8.0000 + 1.0000i   4.0000 + 4.0000i
      9.0000 + 2.0000i   5.0000 + 5.0000i
      1.0000 + 3.0000i   6.0000 + 6.0000i
```

注意：上述的输出结果，MATLAB 生成的矩阵是以列为优先完成的数据输出，这与 C++ 语言的行优先不同。

3. 创建数值数组

MATLAB 语言除了双精度类型，还支持整数类型、单精度类型等其他数值类型，在 C-MEX 程序中，提供了创建三维甚至更多维的数组的方法。

（1）mxCreateNumericMatrix 函数

在 C-MEX 接口函数编程时，可以使用该函数创建任意类型数据的矩阵，函数定义如下：

```
mxArray *mxCreateNumericMatrix(mwSize m, mwSize n, mxClassID classid,
                              mxComplexity ComplexFlag);
```

函数的输入参数有 4 个。

① m 和 n 两个参量：为创建矩阵的行数和列数；

② mxClassID class；可选择在 matrix. h 文件中的 mxClassID 枚举类型变量定义变量的类型；

③ mxComplexity ComplexFlag：可通过 matrix. h 文件中的 mxComplexity 枚举类型变量定义是实数还是复数。

函数输出参数：一个 mxArray 任意数值类型的矩阵指针。

【例 8-7】编辑一个 C-MEX 接口函数文件 fun32t2，创建一个 2×2 具有 32 位整数类型的复数矩阵，并完成矩阵向 MATLAB 的输入。程序代码如下：

```
#include "mex.h"                          /*库函数的头文件*/
#include "math.h"
void mexFunction(int nlhs, mxArray *plhs[],   /*接口函数声明*/
        int nrhs, const mxArray *prhs[])
    {
        double rd[]={1,2,0,0};               /*定义一个复矩阵实数部数组*/
        double id[]={1,2,3,4};               /*定义一个复矩阵虚数部数组*/
        double *pr,*pi;                      /*定义两个C的指针变量*/
        plhs[0]=mxCreateNumericMatrix        /*创建输出参数为2×2复矩阵结构*/
        (2,2,mxDOUBLE _CLASS,mxCOMPLEX);     /*数据类型为复数双精度类型*/
        pr=mxGetPr(plhs[0]);                 /*获取plhs[0]矩阵中实部数据指针*/
        pi=mxGetPi(plhs[0]);                 /*获取plhs[0]矩阵中虚部数据指针*/
        memcpy(pr,rd,4 * sizeof(double));    /*C语言变量之间的数值复制*/
        memcpy(pi,id,4 * sizeof(double));    /*C语言变量之间的数值复制*/
        return;
    }
```

在 MATLAB 的命令行窗口中，键入下面的命令：

```
>>mex fun32t2.c
使用 'MinGW64 Compiler (C)' 编译
MEX 已成功完成
>> fun32t2
ans =
   1.0000 + 1.0000i   0.0000 + 3.0000i
   2.0000 + 2.0000i   0.0000 + 4.0000i
>> whos ans
   Name      Size      Bytes    Class      Attributes
   ans       2x2        64      double     complex
```

（2）mxCreateNumericArray 函数

在 C-MEX 接口函数的编程时，如果需要创建多维数组，可以使用该函数，其定义如下：

```
mxArray *mxCreateNumericArray(mwSize ndim, const mwSize *dims,
                    mxClassID classid, mxComplexity ComplexFlag);
```

函数的 4 个输入参数意义如下。

① ndim：数组的维数。

② *dims：本身是一维数组，用来指定所定义数组每一维的尺寸。例如：dims[0]的值指定定义函数数组的第一维尺寸值，dims[1]为第二维尺寸值。

③ mxClassID classid：可选择在 matrix.h 文件中的 mxClassID 枚举类型变量所定义的类型。

④ mxComplexity ComplexFlag：可通过 matrix.h 文件中的 mxComplexity 枚举类型变量定义是实数还是复数。

函数输出参数：一个 mxArray 多维数组的指针。

【例 8-8】 编辑一个 C-MEX 接口函数文件 fun3d，创建一个 2×3×4 的 3 维实数类型的数组，并完成数组向 MATLAB 的输入。程序代码如下：

```
#include "mex.h"                          /*库函数的头文件 */
#include "math.h"
void mexFunction(int nlhs, mxArray *plhs[],/*接口函数声明 */
        int nrhs, const mxArray *prhs[])
  {
      double rd[]={0,1,2,3,4,5,6,7,8,9,10,11,  /*定义一个双精度的实数数组 */
      12,13,14,15,16,17,18,19,20,21,22,23};
      mwSize dims[]={2,3,4};                /* 数组每一维的尺寸值 */
      mwSize ndim=3;                        /* 数组维数 */
      double *pr;                           /* 定义一个 C 的指针变量 */
      plhs[0]=mxCreateNumericArray(ndim,    /* 创建输出参数为 2×3×4 实数数组结构 */
      dims,mxDOUBLE_CLASS,mxREAL);          /* 数据类型为双精度 */
      pr=mxGetPr(plhs[0]);                  /* 获取 plhs[0]矩阵中实部数据指针 */
      memcpy(pr, rd,24*sizeof(double));     /*C 语言变量之间的数值复制 */
      return;
  }
```

在 MATLAB 的命令行窗口中，键入下面的命令：

```
>> mex fun3d.c
使用 'MinGW64 Compiler (C)' 编译
MEX 已成功完成
>> fun3d
ans(:,:,1) =
    0    2    4
    1    3    5
ans(:,:,2) =
```

```
        6      8     10
        7      9     11
ans(:,:,3) =
       12     14     16
       13     15     17
ans(:,:,4) =
       18     20     22
       19     21     23
```

8.3.2　字符串的创建

字符串类型是 MATLAB 另外一种的基本数据类型，用来表示文本信息。与 C++语言不同的是，MATLAB 中只有字符串一种数据类型，而在 C 语言中有字符和字符串两种类型。通过以下函数，完成 mxArray 字符串结构的创建。

1. mxCreateString 函数

mxCreateString 函数是 C++语言的字符串转变为 MATLAB 字符串最简单的函数，其定义如下：

```
mxArray *mxCreateString(const char * str);
```

功能：创建一个 1×N 维字符串向量。

输入参数：* str 为用户给定的字符串，N 是字符串的长度。

输出参数：创建一个 mxArray 字符串类型的指针，其指针变量是 * str 内容。

【例 8-9】编辑一个 C-MEX 接口函数文件 funstr，创建一个字符串，并完成向 MATLAB 的输入。程序代码如下：

```
#include "mex.h"                              /*库函数的头文件*/
#include"string.h"
void mexFunction(int nlhs, mxArray * plhs[],  /*接口函数声明*/
          int nrhs, const mxArray * prhs[])
{
  const char * str= " Isn't MATLAB Mix-Program Great?";  /*创建一个 mxArray 字
                                                符串类型的指针*/
  plhs[0]=mxCreateString(str);
  return;
}
```

在 MATLAB 的命令行窗口中，键入下面的命令：

```
>>mex funstr.c
使用 'MinGW64 Compiler (C)' 编译
MEX 已成功完成
>>funstr
ans =
     Isn't MATLAB Mix-Program Great?
```

2. mxCreateCharArray 函数

通过 mxCreateCharArray 函数，可完成字符向量、矩阵或多维数组的创建，其定义如下：

```
mxArray *mxCreateCharArray(mwSize ndim, const mwSize *dims);
```

函数输入参数如下。

① ndim：字符数组维数。

② *dims：每一维的尺寸。

函数输出参数：创建一个 mxArray 字符数组类型的指针。

【例 8-10】 编辑一个 C-MEX 接口函数文件 funstra.c，创建一个三维字符数组，并完成向 MATLAB 的输入。程序代码如下：

```
include "mex.h"                                        /*库函数的头文件*/
#include "string.h"
void mexFunction(int nlhs, mxArray *plhs[],/*接口函数声明*/
        int nrhs, const mxArray *prhs[])
  {
    int data[]={65,66,67,68,69,70,71,72,73,74,75,76,77,78,79,80};
    mwSize ndims[]={2,4,2};                            /*数组每一维的尺寸值*/
    const mwSize ndim=3;
    short *pr ;                                        /*定义一个 C 的指针变量*/
    plhs[0]=mxCreateCharArray(ndim,ndims); /*创建 mxArray 字符数组类型的指针*/
    pr=mxGetPr(plhs[0]);                               /*获取 plhs[0]矩阵中实部数据指针*/
    memcpy(pr,data,16*sizeof(int));
    return;
  }
```

在 MATLAB 的命令行窗口中，键入下面的命令：

```
>>mex funstra.c
使用 'MinGW64 Compiler (C)' 编译
MEX 已成功完成
>>funstra
2×4×2 char 数组
ans(:,:,1) =
    'ACEG'
    'BDFH'
ans(:,:,2) =
    'IKMO'
    'JLNP'
whos ans
Name     Size       Bytes    Class
  ans    2x4x2       32      char
```

3. mxCreateCharMatrixFromStrings 函数

通过 mxCreateCharMatrixFromStrings 函数，能够完成字符串矩阵创建，其定义如下：

```
mxArray *mxCreateCharMatrixFromStrings(mwSize m, const char **str);
```

函数输入参数如下。

① m：字符串矩阵行数。

② *str：字符串矩阵的内容。

函数输出参数：创建一个 mxArray 字符串矩阵类型的指针。

【例 8-11】 编辑一个 C-MEX 接口函数文件 funstrm，创建一个字符数组，并完成向 MATLAB 的输入。程序代码如下：

```
#include "mex.h"                                          /*库函数的头文件*/
#include "string.h"
void mexFunction(int nlhs, mxArray *plhs[],    /*接口函数声明*/
         int nrhs, const mxArray *prhs[])
{
  mwSize ndim=5;
  constchar *string[]={"Mix-progarm","between","MATLAB","and","C"};
  plhs[0]=mxCreateCharMatrixFromStrings(ndim,string);/*创建 mxArray 字符串
                                                   矩阵指针*/
  return;
}
```

在 MATLAB 的命令行窗口中，键入下面的命令：

```
>>mex funstrm.c
使用 'MinGW64 Compiler (C)' 编译
MEX 已成功完成
>> funstrm
ans =
  5×11 char 数组
    'Mix-progarm'
    'between    '
    'MATLAB     '
    'and        '
    'C          '
>> whos ans
    Name      Size          Bytes  Class
    ans       5x11           110   char
```

8.3.3　逻辑数组的创建

在 MATLAB 中，逻辑数组的元素取值有两种可能，分别为"0"和"1"值，是关系运算所获得的逻辑数据，即"1"为逻辑真，"0"为逻辑假。MATLAB 语言提供了一些外部接口函数，能够在 C-MEX 中完成逻辑数组的创建。与数值矩阵创建相同，逻辑数组分为标量、矩阵和多维数组函数的创建。

1. 逻辑标量函数的创建及前缀为 mxIs 的典型函数

（1）逻辑标量函数的创建

通过 mxCreateLogicalScalar 函数，能够完成逻辑标量函数的创建，其定义如下：

```
mxArray *mxCreateLogicalScalar(mxLOGICAL value);
```

函数输入参数如下。

mxLOGICAL value：在 matrix.h 文件的 mxClassID 枚举类型变量中所定义的类型值，或 C++ 语言中 bool 定义的类型值。

函数输出参数：创建一个 mxArray 逻辑标量型的指针变量。

【例 8-12】 编辑一个 C-MEX 接口函数文件 funb，判断函数的输入参数是否为逻辑标量，并向 MATLAB 输出该标量。程序代码如下：

```
#include "mex.h"                                    /*库函数的头文件*/
#include "matrix.h"
void mexFunction(int nlhs, mxArray *plhs[],         /*接口函数声明*/
          int nrhs, const mxArray *prhs[])
{
  mxLogical *x;                                      /*定义一个 bool 型的指针变量*/
  if(mxIsLogicalScalar(prhs[0]))                     /*判断输入参数是否为逻辑标量*/
     {
       mexPrintf("Input parameter is a logical scalar\n");
       x=mxGetLogicals(prhs[0]);                     /*获取逻辑数组的指针*/
       plhs[0]=mxCreateLogicalScalar(*x);  /*为输入参数赋值*/
     }
  else
     {
       mexPrintf("Input parameter isn't a logical scalar\n");
     }
  return;
}
```

在 MATLAB 的命令行窗口中，键入下面的命令：

```
>>p=rem(3,3)==0;
>>mex funb.c
使用 'MinGW64 Compiler (C)' 编译
MEX 已成功完成
>>funb(p)
nput parameter is a logical scalar
ans =
  logical
  1
>>x=1;
>> funb(x)
```

```
Input parameter isn't a logical scalar
```

（2）前缀为 mxIs 的典型函数

在 C-MEX 函数中，判别 mxArray 类型与程序要求类型是否一致时，MATLAB 为 C++语言提供了一系列的判别函数，它们是以 mxIs 为前缀表示的函数，表 8-5 是一些典型函数，详细用法请参阅 MATLAB 提供的 help 文件。这些函数的输出值都是逻辑值（boolean），即，逻辑值"1"表示函数的类型判断是正确的，反之，逻辑值"0"表示函数的类型判断是错误的。

表 8-5   前缀为 **mxIs** 的典型函数

函 数 名	功 能
mxIsDouble	判断输入参数是否为双精度数组
mxIsChar	判断输入参数是否为字符数组
mxIsLogicalScalar	判断输入参数是否为逻辑标量
mxIsLogical	判断输入参数是否为逻辑数组
mxIsFinite	判断输入参数是否为有限值
mxIsInf	判断输入参数是否为无穷大
mxIsSparse	判断输入参数是否为稀疏矩阵

① mxIsDouble 函数。

函数定义：bool   mxIsDouble(const mxArray * pm)

函数说明：用户可以判别输入参数 pm 所指向的数组类型是否为双精度。如果函数输出参数的值为"1"，表示 * pm 变量类型为双精度；反之返回值为"0"，表示 * pm 变量类型不是双精度。

② mxIsLogicalScalar 函数。

函数定义：bool   mxIsLogicalScalar(const mxArray * pm)

函数说明：用户可以判别输入参数 pm 所指向的数组类型是否为逻辑标量型。如果函数输出参数的值为"1"，表示 * pm 变量类型为逻辑标量；反之返回值为"0"，表示 * pm 变量类型不是逻辑标量型，参见例 8-12。

2. 逻辑类型矩阵的创建

通过 mxCreateLogicalMatrix 函数，能够完成逻辑类型矩阵的创建，其定义如下：

```
mxArray *mxCreateLogicalMatrix(mwSize m, mwSize n);
```

函数输入参数如下。

m：逻辑类型矩阵行数；

n：逻辑类型矩阵列数；

函数输出：创建一个 mxArray 逻辑类型矩阵类型的指针。

【例 8-13】编辑一个 C-MEX 接口函数文件 funbm，将输入值为逻辑类型的 1×6 行向量转换为 2×3 逻辑类型矩阵，并向 MATLAB 输出。程序代码如下：

```
#include "mex.h"                              /*库函数的头文件*/
#include "string.h"
void mexFunction(int nlhs, mxArray *plhs[],   /*接口函数声明*/
```

```
                    int nrhs, const mxArray *prhs[])
  {
    bool *pr,*q;
    mwSize ndims[]={2,3};
    const mwSize ndim=2;
    q=mxGetLogicals(prhs[0]);                    /* 获取逻辑 prhs[0]的指针 */
    plhs[0]=mxCreateLogicalArray(ndim,ndims);    /* 逻辑类型矩阵的创建 */
    pr=mxGetLogicals(plhs[0]);                   /* 获取逻辑 plhs[0]的指针 */
    memcpy(pr,q,6*sizeof(mxLogical));
    return;
  }
```

在 MATLAB 的命令行窗口中，键入下面的命令：

```
>> a=[1,3,0,7,0,9 ;8,0,9,0,10,0];
>> ss=all(a);
>> mex funbm.c
使用 'MinGW64 Compiler (C)' 编译
MEX 已成功完成
>> funbm (ss)
ans =
  2×3 logical 数组
  1   0   0
  0   0   0
>> whos ans
Name       Size           Bytes   Class
ans        2x3                6   logical
```

3. 逻辑类型数组创建

通过 mxCreateLogicalArray 函数，能够完成逻辑类型多维数组的创建，其定义如下：

```
mxArray *mxCreateLogicalArray(mwSize ndim, const mwSize *dims);
```

函数输入参数如下。

① ndim：逻辑类型数组维数。

② *dims：表示逻辑类型数组的每一维尺寸。

函数输出参数：创建一个 mxArray 逻辑类型数组类型的指针。

8.3.4　稀疏矩阵的创建

MATLAB 中的稀疏矩阵（sparse）与其他数组的存储方式不同，可以使含有很多零元素的数组占用较少的内存空间。在混合编程时，稀疏矩阵通过 4 个数组参数来描述。

① 前两数组分别保存矩阵的非零元素实部与虚部值（double *pr，*pi），数组的长度为 nzmax。

② 第三个数组为整数类型数组（int *ir），依次存放每个非零元素的行序号索引。

③ 第四个数组为整数类型数组（int ＊jc），所有的元素是按列存放的，数组最后元素是非零元素的个数值。jc[j]代表第 j 列的非零元素在 ＊pr、＊pi 和 ＊ir 中的第一个元素的索引值，而 jc[j+1]-1 值代表第 j 列的非零元素在 ＊pr，＊pi 和 ＊ir 中的最后一个元素索引值。

在 MATLAB 外部接口程序中，对不同数据类型的稀疏矩阵，提供了不同的创建函数。

1. 双精度类型稀疏矩阵的创建

通过 mxCreateSparse 函数，能够完成逻辑类型矩阵的创建，其定义如下：

$$mxArray ＊mxCreateSparse(mwSize\ m,\ mwSize\ n,\ mwSize\ nzmax,\ mxComplexity\ ComplexFlag);$$

函数的 4 个输入参数含义如下。

① m 和 n：稀疏矩阵的行与列值。

② nzmax：稀疏矩阵中非零元素的个数。

③ mxComplexity ComplexFlag：可通过 matrix.h 文件中的 mxComplexity 枚举变量定义进行类型选定。

函数输出：创建一个 mxArray 稀疏矩阵类型的指针。

【例 8-14】 编辑一个 C-MEX 接口函数文件 funsp.c，创建一个稀疏复数矩阵，并完成向 MATLAB 的输入。程序代码如下：

```
#include "mex.h"                              /*库函数的头文件*/
#include "string.h"
void mexFunction(int nlhs, mxArray *plhs[], /*接口函数声明*/
        int nrhs, const mxArray *prhs[])
  {
    double rd[]={ 3,1,10,-7};
    double id[]={9,7,6,8};
    mwIndex ird[]={ 0,1,2,3};
    mwIndex jcd[]={0,1,2,3,4};
    double *pr,*pi;
    mwIndex *ir,*jc;
    plhs[0]=mxCreateSparse(4,4,4,mxCOMPLEX);    /*稀疏矩阵的创建*/
    pr=mxGetPr(plhs[0]);                        /*获取 plhs[0]实数部的数据指针*/
    pi=mxGetPi(plhs[0]);                        /*获取 plhs[0]虚数部的数据指针*/
    ir=mxGetIr(plhs[0]);                        /*获取稀疏矩阵行索引数组指针*/
    jc=mxGetJc(plhs[0]);                        /*获取稀疏矩阵列索引数组指针*/
    memcpy(pr,rd,4*sizeof(double));
    memcpy(pi,id,4*sizeof(double));
    memcpy(ir,ird,4*sizeof(mwIndex));
    memcpy(jc,jcd,5*sizeof(mwIndex));
    return;
    }
```

在 MATLAB 的命令行窗口中，键入下面的命令：

```
>> mex funsp.c
使用 'MinGW64 Compiler (C)' 编译
MEX 已成功完成
>> funsp
  ans =
  (1,1)      3.000000000000000 + 9.000000000000000i
  (2,2)      1.000000000000000 + 7.000000000000000i
  (3,3)      10.000000000000000 + 6.000000000000000i
  (4,4)      -7.000000000000000 + 8.000000000000000i
>> whos ans
  ame       Size          Bytes   Class       Attributes
  ans       4x4           136     double      sparse, complex
>> format short
>>full(ans)
ans =
1 至 4 列
   3.0000 + 9.0000i   0.0000 + 0.0000i   0.0000 + 0.0000i   0.0000 + 0.0000i
   0.0000 + 0.0000i   1.0000 + 7.0000i   0.0000 + 0.0000i   0.0000 + 0.0000i
   0.0000 + 0.0000i   0.0000 + 0.0000i   10.0000 + 6.0000i  0.0000 + 0.0000i
   0.0000 + 0.0000i   0.0000 + 0.0000i   0.0000 + 0.0000i   -7.0000 + 8.0000i
```

2. 创建逻辑类型的稀疏矩阵

通过 mxCreateSparseLogicalMatrix 函数, 能够完成逻辑类型矩阵的创建, 其定义如下:

```
mxArray *mxCreateSparseLogicalMatrix(mwSize m, mwSize n, mwSize nzmax);
```

该函数的输入、输出参数与双精度类型稀疏矩阵函数的输入、输出参数的含义相同。

8.3.5　MEX 库函数

mex 接口函数是 MATLAB 为 C++语言混合编程提供的一种程序接口库函数, 函数名以 mex 为前缀表示。在 MATLABroot\extern\include 的 mex.h 文件中, 各个函数的定义都有详细说明。主要功能是实现 C++语言与 MATLAB 环境的交互, 注意, mex 接口函数仅能在 C-MEX 文件中使用。下面对典型 mex 函数作一介绍, 并将其他几个常使用的 mex 函数功能列于表 8-6 中。

表 8-6　其他 mex 函数及功能

函　数　名	功　　能
mexIsGlobal	判断是否为全局工作变量
mexSetTrapFlag	设置 mexCallMATLAB 函数出错策略
mexPrintf	与 C 语言的 printf 函数相同
mexMakeArrayPersistent	保留内存变量命令

1. 调用 MATLAB 指令函数

(1) mexEvalString 函数

在 C-MEX 文件中, 用该函数能实现以字符的形式调用 MATLAB 中的命令。函数定义如下：

```
int mexEvalString(const char * command)
```

函数的输入参数是一个 C++语言的字符变量，用以调用的 MATLAB 指令；函数输出为一个整数，当输出值为 0 时，表示 MATLAB 指令调用的成功，反之，表示没有调用成功。

（2）mexCallMATLAB 函数

在 C-MEX 文件中，该函数能实现调用 MATLAB 中的内建函数和用户编写的函数，以及 mex 等文件。函数定义如下：

```
int mexCallMATLAB(int nlhs, mxArray * plhs[], int nrhs, mxArray * prhs[],
                  const char * functionName);
```

函数的输入参数如下。

① nlhs：调用 functionName 函数的输出参数的个数。

② plhs：调用 functionName 函数的输出参数指针。

③ nrhs：调用 functionName 函数的输入参数的个数。

④ prhs：调用 functionName 函数的输入参数指针。

⑤ const char * functionName：调用函数的函数名。

输出参数：函数输出为一个整数，当输出值为 0 时，表示 MATLAB 指令调用的成功，反之，表示没有调用成功。

mexCallMATLAB 函数与 mexEvalString 函数的区别：mexCallMATLAB 可以利用 C-MEX 文件中的参数，且能够将执行结果返回到 C-MEX 文件中，mexEvalString 只能调用当前的 MATLAB 工作空间的变量进行运算。

【例 8-15】编辑一个 C-MEX 接口函数文件 funco.c，将标量 a 作为输入参数，在 C-MEX 文件中生成 $\exp(\mathrm{magic}(a))$ 矩阵，并向 MATLAB 的输出。程序代码如下：

```
#include"mex.h"                              /*库函数的头文件*/
#include"stdio.h"
Void mexFunction(int nlhs, mxArray * plhs[], /*接口函数声明*/
     int nrhs, const mxArray * prhs[])
{
     double * p;                             /*设定指针变量*/
     mxArray * lhs[1];
     p=mxGetPr(prhs[0]);                     /*获取 plhs[0]实数部的数据指针*/
     plhs[0]=mxCreateDoubleMatrix(* p,* p,mxREAL); /*矩阵的创建*/
     mexCallMATLAB(1,lhs,1,prhs,"magic");    /*调用 MATLAB 中 magic 命令*/
     mexCallMATLAB(1,plhs,1,lhs,"expm");     /*调用 MATLAB 中 expm 命令*/
     mxDestroyArray(lhs);                    /*清除内存中的 lhs 指针空间*/
     return;
}
```

在 MATLAB 的命令行窗口中，键入下面的命令：

```
>> mex funco.c
使用 'MinGW64 Compiler (C)' 编译
MEX 已成功完成
>> y = funco(3)
  y =
  1.0e+06 *
  1.089758251034660    1.089595332837400    1.089663788600045
  1.089622715142458    1.089717177577074    1.089677479752573
  1.089636406294987    1.089704862057631    1.089676104119488
```

2. 变量复制函数

在 C-MEX 文件与 MATLAB 环境的交互时，程序通常需要调用 MATLAB 环境中的数据，或向 MATLAB 环境输出一些数据信息，MATLAB 提供的变量复制接口函数可完成这项工作。下面仅介绍常用的两种函数。

（1）调用复制函数

通过 mexGetVariable 函数，C-MEX 文件可以完成从指定的 MATLAB 工作空间调取并复制一个变量。其定义如下：

```
mxArray  * mexGetVariable(const char  * workspace,const char  * var_name)
```

函数输入参数如下。

① const char * workspace：指定的 MATLAB 工作空间，其中，global 代表全局工作空间，base 代表基本工作空间，caller 代表调用 C-MEX 文件的工作空间；

② const char * var_name：被调用复制的变量名。

函数输出参数：如果调用成功，返回的是调用变量的 mxArray 类型指针，如果失败，则返回值为 NULL。

用该函数得到的仅是一个复制的变量，因此当改变 mxArray 类型指针内容时，将不会对指定工作区原变量有任何影响。

（2）输出复制函数

通过 mexPutVariable 函数，C-MEX 文件可以完成向指定的 MATLAB 工作空间输出并复制一个变量。其定义如下：

```
int  mexGetVariable(const char *workspace, const char *var_name,mxArray *array_ptr)
```

函数输入参数如下。

① const char * workspace：指定的 MATLAB 工作空间，其中，global 代表全局工作空间，base 代表基本工作空间，caller 代表调用 C-MEX 文件的工作空间；

② const char * var_name：输出复制的变量名，即复制到指定的 MATLAB 工作空间的变量名；

③ mxArray * array_ptr：被输出复制的变量名，即 C-MEX 文件中一个 mxArray 类型的变量名。

函数输出参数：如果调用成功，在指定的 MATLAB 工作空间中会出现一个 const char * var_name 变量名，输出值为 1，反之调用失败。

　　注意：如果在指定工作空间中已经存在一个变量名与 var_name 相同，则在使用该函数之后，输出复制的变量将覆盖原有的变量。

【例 8-16】编辑一个 C-MEX 接口函数文件 funcurve.c，完成如下功能：

① 绘制 2π 周期的余弦曲线，其幅值在 MATLAB 的 base 空间调入；

② 曲线的所有点的坐标值都在 C++ 程序生成；

③ 调入 MATLAB 命令，完成曲线绘制及其属性设置。

该程序代码如下：

```c
#include"mex.h"                                          /*库函数的头文件*/
#include"math.h"
#include "string.h"
#define PI 3.1415926
void mexFunction(int nlhs, mxArray *plhs[],int nrhs, const mxArray *prhs[])
                                                          /*接口函数声明*/
{
    int i,N,flag1,flag2;                                  /*设定指针变量*/
    double ddiaoq,*angle,*AA;
    mxArray *diaoq,*p,*q;
    N=1000;
    diaoq=mexGetVariable("base","amp");                   /*调用 base 中 imp 的变量值*/
    ddiaoq=mxGetScalar(diaoq);                            /*赋值*/
    angle=(double *)mxCalloc(N,sizeof(double));           /*动态分配内存*/
    AA=(double *)mxCalloc(N,sizeof(double));
    for(i=1;i<N;i++)                                      /*赋值*/
        {
          angle[i]=i*2*PI/(N-1);
          AA[i]=ddiaoq*cos(angle[i]);
        }
    p=mxCreateDoubleMatrix(1,N,mxREAL);                   /*向量的创建*/
    q=mxCreateDoubleMatrix(1,N,mxREAL);
    memcpy(mxGetPr(p),angle,N*sizeof(double));            /*赋值*/
    memcpy(mxGetPr(q),AA,N*sizeof(double));
    flag1=mexPutVariable("base", "x",p);                  /*向 base 输出 x,y 变量值*/
    flag2=mexPutVariable("base", "y",q);
    mexEvalString("h=plot(x,y);");                        /*调用 MATLAB 指令函数*/
    mexEvalString("set(h,'marker','o','color',[69 20
                  120]/256,'linestyle','-.');");
    mexEvalString("xlabel('angle');");
    mexEvalString("ylabel('amgnitude');");
    mexEvalString("title('Curve');");
    mxDestroyArray(p);                                    /*清除内存变量*/
    mxDestroyArray(q);
    mxFree(angle);
```

```
        mxFree(AA);
        return;
    }
```

在 MATLAB 的命令行窗口中，键入下面的命令：

```
>> amp = 3;
>> mex funcurve.c
使用 'MinGW64
Compiler (C)' 编译
MEX 已成功完成
>> funcurve
```

程序运行结果如图 8-4 所示。

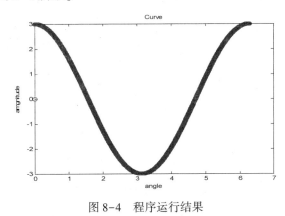

图 8-4　程序运行结果

3. 错误和警告函数

当用户使用 MEX 文件时，为了避免不必要的错误的出现，MATLAB 为 MEX 文件提供了警告和错误的两种函数，提高程序的监测能力，从而使程序高效运行。

（1）错误函数（mexErrMsgTxt）

通过 mexErrMsgTxt 函数，可完成 MEX 程序运行中发生错误的提示，其定义如下：

```
    void mexErrMsg(const char  * error_msg)
```

函数输入参数为用户编写的字符串内容，函数输出参数是在 MATLAB 环境中，以红色显示该字符串的错误内容。

（2）标准错误函数（mexErrMsgIdAndTxt）

通过 mexErrMsgIdAndTxt 函数，可完成 MEX 程序运行中发生标准错误信息的提示，其定义如下：

```
    void mexErrMsgIdAndTxt(const char * errorid, const char * errormsg,...);
```

输入参数 1（const char * errorid）：设置 Matlab 标准标识符的字符串，标识符的信息，请参阅标识符帮助（Message Identifiers）。

输入参数 2（const char * warningmsg, ...）：要显示用户解释错误字符串。

（3）标准警告函数（mexWarnMsgIdAndTxt）

通过 mexWarnMsgTxt 函数，可完成 MEX 程序运行中发生警告信息的提示，其定义如下：

```
void mexWarnMsgIdAndTxt(const char * warningid, const char * warningmsg,
...);
```

输入参数 1（const char * warningid）：设置 Matlab 标准标识符的字符串，标识符的信息，请参阅标识符帮助（Message Identifiers）。

输入参数 2（const char * warningmsg, ...）：要显示用户解释警告字符串。

注意：① 警告信息仅仅起到一种提示作用，程序不会因为警告发生而退出运行，但是如果有错误信息，MEX 文件就会退出运行。

② 可以通过 warning off 指令，禁止警告信息在 MATLAB 命令行中的显示。

③ 警告信息在 MATLAB 命令行中以默认字体显示，而错误信息则用红色字体显示，提示级别不同。

【例 8-17】编辑一个 C-MEX 接口函数文件 timestwo.c，函数的输入参数是一个双精度标量，输出参数是输入参数的两倍值。程序代码如下：

```
#include "mex.h"                              /*库函数的头文件*/
void timestwo(double y[], double x[])         /*定义一个 C 子函数*/
 {
   y[0] = 2.0 * x[0];
 }
void mexFunction(int nlhs, mxArray *plhs[],   /*接口函数声明*/
        int nrhs, const mxArray *prhs[] )
 {
   double *x, *y;                             /*设定变量*/
   int    mro, nco;
   if(nrhs!=1)                                /*输入是否为一个参量*/
     {

       mexErrMsgIdAndTxt("MATLAB:matrixDivide
       :rhs","This function requires only one input
       matrices.");
     }
   else if(nlhs>1)
     {

       mexWarnMsgIdAndTxt("MATLAB:matrixDivide:lhs","Too many output argu-
   ments.");

     }                                        /*检查输入量的尺寸*/
   mro = mxGetM(prhs[0]);
   nco = mxGetN(prhs[0]);
```

```
    if(!mxIsDouble(prhs[0]) || mxIsComplex(prhs[0]) ||
        !(mro == 1 && nco == 1) )
    {
        mexErrMsgTxt("Input parammeter must be a
                noncomplex scalar double.");
    }
    plhs[0] = mxCreateDoubleMatrix(mro,nco,  /* 创建输出量的尺寸 */
        mxREAL);
    x = mxGetPr(prhs[0]);
    y = mxGetPr(plhs[0]);
    timestwo(y,x);
}
```

在 MATLAB 的命令行窗口中，键入下面的命令：

```
>>mex timestwo.c
使用 'MinGW64 Compiler (C)' 编译
MEX 已成功完成
>> y =timestwo(2)
y =
    4
>> y =timestwo([2,2])
错误使用 timestwo
Input parammeter must be a noncomplex scalar double.% (有标准错误提示)
>> y =timestwo(2,2)
错误使用 timestwo
This function requires only one input matrices.% (有用户解释错误提示)
>> [x, y]=timestwo(2)
警告: Too many output arguments.
调用 "timestwo" 时,未对一个或多个输出参数赋值.% (有用户解释警告提示)
```

8.4　上机实践

1. 了解 MATLAB 的 API 外部标准接口完成的主要工作。
2. 理解 MATLAB 中 Array 的数据结构，并能够熟悉其各种数据类型的定义。
3. 熟练掌握在 MATLAB 平台中的 C-MEX 文件编译环境的建立。
4. 掌握 MEX 指令及其参数的使用方法。
5. 理解 mexFunction 外部接口函数的各参数作用。
6. mx 和 mex 的库函数之间的不同，并在混合编程中能够熟练运用。
7. 上机完成本章全部例题的编辑与编译工作，并能完成接口函数的程序运行。
8. 在 MATLAB 的工作空间中，设定一个变量 a=[1,2;3,4]，设定 a 为 C-MEX 文件的输入参数，编写几个接口程序分别完成如下工作：

（1）编写一个函数程序，其输出参数是一个矩阵，输出参数是输入参数的两倍，即为 [2,4;6,8]；

（2）编写一个函数程序，其输出参数是一个行向量，输出参数的各元素是输入参数的各元素值，即为 [1,2,3,4]；

（3）编写一个函数程序，其输出参数是两个列向量，每个输出向量分别包括输入参数矩阵对应列的所有元素，即输出参数分别为 [1;3] 和 [2;4]。

9. 将三角形的 3 个边值作为 C-MEX 文件的输入参数，程序输出参数为一个字符串，能够反映如下信息：

（1）判别三边值是否能够建立一个三角形；

（2）如上述可以，判别三角形是任意三角形、等腰三角形，还是全等三角形。

10. 利用 mexEvalString 函数，编写 C-MEX 文件，完成第 5 章例题 5-5 中实验数据的多项式拟合工作。

11. 利用 mexCallMATLAB 函数，编写 C-MEX 文件，绘制幅值为 1 的一个周期的余弦曲线。

附录 A MATLAB 命令分类列表

附录 A 的编排顺序大体上与正文一致，但是因为正文需要适应循序渐进的学习规律，而附录则需要便于分类查找，所以又不能完全一致。如果读者发现有错误和不恰当之处，以及建设性意见建议，请不吝赐教。

A.1 MATLAB 通用命令

1. MATLAB 帮助命令

命 令 名	意 义	命 令 名	意 义
help	MATLAB 的帮助程序	helpwin	启动联机帮助窗口
doc	MATLAB 的在线帮助文档	lookfor	关键词查询

2. MATLAB 管理变量与函数

命 令 名	意 义	命 令 名	意 义
pathtool	启动路径管理程序界面	version	显示 MATLAB 版本号
profile on	启动耗时剖析函数	what	分类列出某目录中的文件名
profile off	停止耗时剖析	whatsnew	显示 MATLAB 及工具箱自述文件
ver	显示 MATLAB 或工具箱的版本号	which	查找 MATLAB 函数与文件所在目录

3. MATLAB 变量与工作空间管理

命 令 名	意 义	命 令 名	意 义
clear	清除工作空间中变量或函数	save	存储工作空间变量
disp	显示字符串或数据	saveas	按指定格式存储图形或模型
length	测向量的长度	size	测取 MATLAB 变量的大小
load	从文件中读取变量	who	列出工作空间中的变量名称
mlock	锁定变量或函数不被删除	whos	列出工作空间中的变量名称及大小等详细信息
munlock	解开设定的锁	workspace	查看工作空间的内容

4. MATLAB 命令行窗口控制语句

命 令 名	意 义	命 令 名	意 义
clc	清命令行窗口	format	控制输出的格式
echo	函数运行时逐条显示命令	quit, exit	终止 MATLAB 运行

5. 时间与日期

命　令　名	意　　义	命　令　名	意　　义
calendar	显示日历	datestr	以字符串的形式表示时间
clock	显示当前时间	now	当前的日期和时间
cputime	CPU 时间	tic，toc	开启、停止秒表
date	返回当前时间字符串	weekday	指示星期几

6. 文件操作与操作系统命令

命　令　名	意　　义	命　令　名	意　　义
delete	删除文件或句柄对象	matlabroot	MATLAB 所在的根目录
edit	启动 MATLAB 文件编辑程序	open	打开一个文件

A. 2　运算符和逻辑函数

1. 运算符

命　令　名	意　　义	命　令　名	意　　义
+	加法	…	续行符号
−	减法	'	单引号、复矩阵共轭转置符号
*	矩阵乘法	.'	矩阵转置符号
.*	数组乘法	%	注释符号
^	矩阵乘方	=	赋值符号
.^	数组乘方	==	逻辑等号
\	矩阵左除	<	逻辑小于
/	矩阵右除	<=	逻辑小于或等于
.\	数组左除	>=	逻辑大于或等于
./	数组右除	>	逻辑大于号
；	矩阵元素分行、抑制屏幕输出	&	逻辑与
：	初值：[步长]：终值间的分隔符	|	逻辑或
（和）	运算优先级、下标范围、数据结构范围	~	逻辑非
［和］	向量和矩阵范围	&&	先决逻辑与
{和}	元胞数组元素的范围	||	先决逻辑或

2. 逻辑函数

命　令　名	意　　义	命　令　名	意　　义
all	测试是否全部元素均非零	is *	各类测试函数，如 isnan 等
any	测试是否有非零元素	isa	判断对象是否为给定的类
exist	检测是否存在变量或文件	logical	将数据变换为逻辑数据
find	找出满足条件的下标	mislocked	判定变量或函数是否被锁定

A.3　MATLAB 编程与调试语句

1. MATLAB 程序设计语言和面向对象编程语句

命 令 名	意　义	命 令 名	意　义
builtin	执行内在函数	function	MATLAB 函数引导语句
class	建立对象或检测对象类型	global	全局变量设定
double	将变量转换成双精度数据	inline	定义行对象
eval	字符串求值	int8, int16, int32	有符号整型数据
feval	函数求值	uint8, uint16, uint32	无符号整型数据

2. MATLAB 程序流程控制

命 令 名	意　义	命 令 名	意　义
break	终止上一层的循环	warning	显示警告信息
end	终止各种结构块	try, catch	试探结构控制
error	显示错误信息并终止函数	while	引导循环结构
for	引导循环语句	input	提示输入语句
if, else, elseif	引导条件语句	keyboard	激活键盘输入
return	从函数返回主调函数	menu	建立简单菜单
switch, case, otherwise	开关结构控制	pause	程序暂停

A.4　数值与数组

1. 生成矩阵的函数及工具矩阵

命 令 名	意　义	命 令 名	意　义
compan	生成伴随矩阵	logspace	生成对数等间距向量
diag	生成对角矩阵	magic	生成幻方矩阵
eye	生成单位矩阵	ones	生成幺矩阵或数组
gallery	生成测试矩阵	pascal	生成帕斯卡三角矩阵（杨辉三角形）
hadamard	生成哈达玛矩阵	rand	生成均匀分布的伪随机数矩阵
hankel	生成汉考矩阵	randn	生成标准正态分布的伪随机数矩阵
hilb	生成希尔伯特矩阵	vander	生成万达摩方阵
linspace	生成线性等间距向量	zeros	生成零矩阵或数组

2. 特殊变量与常数

命 令 名	意　义	命 令 名	意　义
ans	存储最近得出的结果	NaN	不定式
eps	机器浮点精度	nargin, nargout	函数输入和输出变量个数
i, j	虚数单位	pi	圆周率
Inf	无穷大量		

3. 矩阵处理

命　令　名	意　　义	命　令　名	意　　义
cat	矩阵或数组的连接	reshape	数组维数再定义
fliplr	矩阵的左右翻转	rot90	矩阵逆时针翻转 90°
flipud	矩阵的上下翻转		

4. 三角函数和双曲函数

命　令　名	意　　义	命　令　名	意　　义
sin	求正弦	sinh	求双曲正弦
cos	求余弦	cosh	求双曲余弦
tan	求正切	tanh	求双曲正切
cot	求余切	coth	求双曲余切
sec	求正割	sech	求双曲正割
csc	求余割	csch	求双曲余割
asin	求反正弦	asinh	求反双曲正弦
acos	求反余弦	acosh	求反双曲余弦
atan	求反正切	atanh	求反双曲正切
atan2	按勾股值求四象限反正切	acoth	求反双曲余切
acot	求反余切	asech	求反双曲正割
asec	求反正割	acsch	求反双曲余割
acsc	求反余割		

5. 基本数学函数

命　令　名	意　　义	命　令　名	意　　义
abs	绝对值或复数阵的模	log10	常用对数
angle	相位角	log2	以 2 为底的对数
ceil	向正方向取整	mod	求余数
conj	共轭复数	real	实部
exp	e 指数	rem	求余数
fix	截尾取整	round	四舍五入取整
floor	向负方向取整	sign	符号函数
imag	虚部	sqrt	平方根
log	自然对数		

6. 特殊函数

命　令　名	意　　义	命　令　名	意　　义
rat	有理逼近	besselj	第一类贝塞尔函数
erf	误差函数	bessely	第二类贝塞尔函数
ellipj	雅可比椭圆函数	besselh	第三类贝塞尔函数
gamma	γ 函数	besseli	第一类修正贝塞尔函数
		besselk	第二类修正贝塞尔函数

7. 文件读写

命 令 名	意　　义	命 令 名	意　　义
fclose	关闭文件	fopen	打开文件
fgetl	整行读入	fprintf	写文件
fgets	带结束符号的整行读入	fscanf	读文件

8. 字符串处理与进制转换

命 令 名	意　　义	命 令 名	意　　义
abs	将字符串转换成 ASCII 码	mat2str	将矩阵变换成字符串
bin2dec	二进制变换成十进制	num2str	将数按自动格式转换成字符串
char	生成字符串数组	setstr	将 ASCII 码转换为字符串
deblank	删除字符串尾部的空格	sprintf	写字符串
disp	显示字符串型变量的内容	sscanf	读字符串
eval	将字符串作为命令或语句实现	str2double	将字符串转换为双精度数
findstr	字符串查找	str2num	将字符串转换为实数
hex2dec	将十六进制变换成十进制	strcat	字符串连接
hex2num	将十六进制数转换成双精度数	strcmp	字符串变量比较
int2str	将整数转换成字符串	strcmpi	忽略大小写的字符串比较
isstr	探测变量是否为字符串型	strrep	字符串替换
lower	将字符串变换成小写字符	upper	将字符串转换为大写

A.5　数值线性代数

1. 矩阵分析函数和线性方程求解

命 令 名	意　　义	命 令 名	意　　义
cond	矩阵的条件数	orth	正交基
det	矩阵的行列式	pinv	广义逆
inv	矩阵求逆	qr	矩阵的 QR 分解
lu	LU 三角分解	rank	矩阵的秩
norm	矩阵或向量的范数	trace	矩阵的迹
null	化零空间		

2. 矩阵的特征值、奇异值与矩阵函数

命 令 名	意　　义	命 令 名	意　　义
eig	特征值与特征向量	poly	生成矩阵的特征多项式
expm	矩阵指数	sqrtm	矩阵平方根
funm	矩阵函数求值	svd	矩阵的奇异值分解
logm	矩阵对数		

A.6 数据分析与变换

1. 多项式运算

命 令 名	意 义	命 令 名	意 义
polyder	多项式导数	polyval	多项式求值
polyeig	多项式特征值	polyvalm	多项式矩阵求值
polyfit	多项式拟合	roots	多项式求根

2. 数据分析

命 令 名	意 义	命 令 名	意 义
conv	多项式乘法	median	向量中值
conv2	二维卷积	min	向量最小值
deconv	多项式除法	prod	向量元素乘积
diff	差分	sort	向量排序
factor	质数分解	sortrows	矩阵按行排序
gradient	数值梯度	std	标准方差
max	向量最大值	sum	向量元素求和
mean	向量均值	var	方差

3. 数值插值

命 令 名	意 义	命 令 名	意 义
griddata	生成网格数据	interpft	FFT 法一维插值
interp1	一维插值	interpn	多维数据插值
interp2	二维插值	meshgrid	二维网格生成
interp3	三维插值	spline	样条插值

4. 泛函运算

命 令 名	意 义	命 令 名	意 义
dblquad	双重数值积分	odeset	微分方程求解参数设置
odeget	微分方程求解参数获得	quad, quad8	定积分数值解法
ode45, ode23, ode113, ode15s, ode23s, ode23t, ode23tb		微分方程求解	

A.7 MATLAB 图形绘制与界面设计

1. 基本绘图命令

命 令 名	意 义	命 令 名	意 义
bar	绘制条形图	plotyy	两组曲线设置不同坐标
grid	图形加网格	polar	极坐标图
gtext	用鼠标给图形加文字标识	semilogx	x 轴半对数图
hist	绘制直方图	semilogy	y 轴半对数图
hold	当前坐标系保护	subplot	图形窗口分割
legend	图上加说明	title	加标题
loglog	绘制对数图	xlabel	加 x 轴标识
pie	绘制饼图	ylabel	加 y 轴标识

2. 三维图形绘制

命 令 名	意　义	命 令 名	意　义
bar3	三维条形图	quiver3	三维磁力线图
comet3	三维彗星图	slice	截面图
contour	等高线	sphere	球体图
cylinder	柱体图	stem3	三维火柴杆图
fill3	三维填充图	surf	三维表面图
hidden	网格线隐含/显示	surface	三维表面图低级命令
mesh	网格线状三维图	surfc	等高线的三维表面图
plot3	三维曲线	waterfall	瀑布图

3. 其他绘图函数

命 令 名	意　义	命 令 名	意　义
area	区域图	fill	二维填充图
box	带边框的图形	pcolor	伪色彩图
comet	彗星图	pie3	三维饼图
compass	罗盘图	quiver	磁力线图
errorbar	误差限图	rose	极坐标直方图
ezplot	简便的函数绘制	stairs	阶梯线图
feather	羽毛状图	stem	火柴杆图

4. 图形管理命令与函数

命 令 名	意　义	命 令 名	意　义
brighten	调整图形亮度	view	设置三维视角变换
colorbar	加指示高度的彩色条	xlim	设置 x 轴上下限
colormap	设置色调	ylim	设置 y 轴上下限
shading	彩色着色方案设置	zlim	设置 z 轴上下限

5. 预设置颜色图矩阵

命 令 名	意　义	命 令 名	意　义
autumn	以红黄色调为主（秋）	jet	冰火色调
cool	凉色调	parula	以蓝黄色为主的色调
gray	灰度色调	spring	洋红与黄相间的色调（春）
hot	热色调	summer	以黄绿色为主的色调（夏）
hsv	饱和度色调	winter	以蓝绿色为主的色调（冬）

6. 图形标记

命 令 名	意　　义	命 令 名	意　　义
'.'	点号	'h'	六角星
'o'	圆圈	's'	方块符
'd'	菱形符	'^'	朝上三角符
'*'	星号	'v'	朝下三角符
'+'	十字符	'<'	朝左三角符
'x'	叉号	'>'	朝右三角符
'p'	五角星	'none'	无标记

A.8　句柄图形学

1. 句柄图形的一般设定

命 令 名	意　　义	命 令 名	意　　义
@	句柄	get	获得对象属性
copyobj	复制图形对象及子对象	rotate	在给定的参考点和方向下旋转对象
findobj	查找满足条件的对象句柄	set	设置对象属性
gco	获得当前对象句柄		

2. 句柄图形与对象的建立

命 令 名	意　　义	命 令 名	意　　义
axes	建立坐标轴对象	light	建立光源对象
figure	建立窗口对象	line	绘制直线
ginput	鼠标器交互输入选点	text	给图形加文字标注对象
image	建立图像对象		

3. 图形窗口与坐标轴对象控制

命 令 名	意　　义	命 令 名	意　　义
axis	设置坐标轴范围	close	关闭图形窗口
cla	清除坐标轴	gca	获得当前坐标轴句柄
clf	清图形窗口	gcf	获得当前图形窗口句柄

A.9　符号解析运算

1. 符号型对象的创建和转化

命令名	意义	命令名	意义
sym	用函数形式创建符号型对象	sym2cell	将符号型数组转换成元胞数组
syms	用命令形式创建符号型对象	double	将符号型数值转换成 MATLAB 双精度数
symfun	创建符号型函数	odeFunction	将符号型表达式转换成 ODE 求解器的函数句柄
eq	定义符号型方程、相等	matlabFunction	将符号型表达式转换成函数句柄或文件
str2sym	按字符串创建符号型表达式	symunit	定义符号型参数的计量单位名称
poly2sym	按系数向量创建符号型多项式	symunit2str	把符号型参数的计量单位名称转换成字符串
cell2sym	将元胞数组转换成符号型数组	assume	为符号型变量设定假设条件
sym2poly	将符号型多项式转换成系数向量	assumeAlso	为符号型变量增设假设条件

2. 符号型代数运算符

命令名 [符号]	意义	命令名 [符号]	意义
minus [−]	减法	power [.^]	数组乘方
plus [+]	加法	mtimes [*]	矩阵乘法
times [.*]	数组乘法	mldivide [\]	矩阵左除
ldivide [.\]	数组左除	mrdivide [/]	矩阵右除
rdivide [./]	数组右除	mpower [^]	矩阵乘方

3. 符号型关系运算符

命令名 [符号]	意义	命令名 [符号]	意义
eq[= =]	相等、定义符号型方程	le[< =]	小于或等于
ge[> =]	大于或等于	lt[<]	小于
gt[>]	大于	ne[~ =]	不等于

4. 符号型逻辑运算符

命令名 [符号]	意义	命令名 [符号]	意义
and[&]	逻辑与	not[~]	逻辑非
or[	]	逻辑或	xor	逻辑异或

5. 符号型复数运算符

命令名	意义	命令名	意义
conj	共轭复数	real	复数实部
imag	复数虚部		

6. 符号型运算函数

命 令 名	意 义	命 令 名	意 义
abs	求绝对值、极坐标的极径	asinh	求反双曲正弦
angle	求符号型复数的相位角、极坐标的极角	acosh	求反双曲余弦
mod	求整除余数	atanh	求反双曲正切
diff	求符号型函数的微分	acoth	求反双曲余切
int	定积分和不定积分	asech	求反双曲正割
limit	求符号型函数的极限	acsch	求反双曲余割
sin	求正弦	log	求自然对数
cos	求余弦	log2	求以 2 为底的对数
tan	求正切	log10	求常用对数
cot	求余切	cumsum	求符号型向量的累加和向量
sec	求正割	comprod	求符号型向量的连乘积向量
csc	求余割	symsum	符号型数列求和
asin	求反正弦	factorial	求符号型数的阶乘
acos	求反余弦	nthroot	求符号型数的 n 次根
atan	求反正切	factorIntegerPower	准确的整数次幂分解
atan2	按勾股值求四象限反正切	besselj	第一类贝塞尔函数
acot	求反余切	bessely	第二类贝塞尔函数
asec	求反正割	besselh	第三类贝塞尔函数
acsc	求反余割	besseli	修正的第一类贝塞尔函数
sinh	求双曲正弦	besselk	修正的第二类贝塞尔函数
cosh	求双曲余弦	erfcinv	逆补余误差函数
tanh	求双曲正切	ihtrans	希尔伯特逆变换
coth	求双曲余切	iztrans	逆 Z 变换
sech	求双曲正割	ifourier	逆傅里叶变换
csch	求双曲余割	ilaplace	逆拉普拉斯变换

7. 符号型矩阵函数

命令名 [符号]	意 义	命 令 名	意 义
mtimes [*]	矩阵乘法	lu	矩阵的 LU 分解
mldivide [\ ]	矩阵左除	qr	矩阵的 QR 分解
mrdivide [/]	矩阵右除	tril	下三角阵
mpower [^]	矩阵乘方	triu	上三角阵
transpose [.']	矩阵转置	eig	求矩阵的特征根
ctranspose [']	矩阵共轭转置	diag	对角矩阵
cat	沿指定的方向组建数组	orth	适用于满秩矩阵的正交基向量
horzcat	沿水平方向组建数组（增加列）	reshape	改造矩阵行列数
vertcat	沿垂直方向组建数组（增加行）	svd	矩阵的奇异值分解
det	矩阵行列式值	toeplitz	托普利兹矩阵
rank	矩阵求秩	conj	求复数矩阵的共轭
inv	矩阵求逆	sort	为符号型向量或矩阵的元素排序
pinv	求矩阵的伪逆		

8. 符号型绘图函数

命 令 名	意 义	命 令 名	意 义
fplot	绘制符号型函数的二维图形	fsurf	绘制符号型函数的三维曲面图形
fplot3	绘制符号型函数的三维图形	fmesh	绘制符号型函数的三维网格图形
ezpolar	绘制符号型函数的极坐标图形	textlabel	按照 tex 语言绘制字符串
fimplicit	绘制符号型隐函数的图形	latex	用 LaTeX 语言形式绘制符号型表达式

9. 符号型对象查找和显示函数

命 令 名	意 义	命 令 名	意 义
displayFormula	显示按照字符串描述的函数	findUnits	找出计量单位名称
argnames	查找符号型函数的输入参数名	findSymType	找出符号型对象中指定类型的子对象
symvar	查找符号型变量	children	找出符号型表达式中的项或子表达式
formula	按照函数名查看函数实体		

10. 符号型数值测试函数

命 令 名	意 义	命 令 名	意 义
isfinite	测试数组元素是否为有限值	any	测试等式或不等式作为数组元素是否有某个有效
isUnit	测试变量是否为计量单位名称	all	测试等式或不等式作为数组元素是否全部有效
isinf	测试数组元素是否为无限值	has	测试符号型表达式中是否含有指定的子表达式
isnan	测试数组元素是否为非数值	hasSymType	测试符号型对象中是否含有指定类型的元素
isequal	测试参数是否相等	symType	测试符号型对象的类型
isequaln	测试参数是否相等，认为 NaN 都相等	symFunType	测试符号型对象中的函数类型
isSymType	测试参数是否为指定类型的数	assumptions	测试某一变量的假设条件

11. 符号型对象的整理和化简

命 令 名	意 义	命 令 名	意 义
simplify	化简符号型代数表达式	pretty	以行式打印方式进行公式自然书写
simplifyFraction	化简符号型有理分式	reduceRedundancies	化简一阶代数微分方程
subexpr	用公共子表达式描述原表达式	factor	因式分解
subs	表达式代换	horner	多项式改写成嵌套形式
expand	展开		

A. 10   MATLAB 与 C 语言的接口应用

1. 典型 mx 库函数

函 数 名	意 义
mxCalloc	用 MATLAB 内存管理器动态分配内存
mxCreateCharArray ˙	创建字符向量、矩阵或多维数组
mxCreateCharMatrixFromStrings	创建字符串矩阵
mxCreateDoubleMatrix	创建向量与矩阵
mxCreateDoubleScalar	创建标量的函数
mxCreateLogicalArray	逻辑类型数组创建
mxCreateLogicalMatrix	逻辑类型矩阵的创建
mxCreateLogicalScalar	逻辑标量函数的创建
mxCreateNumericArray	创建数值数组
mxCreateSparse	双精度类型稀疏矩阵的创建
mxCreateSparseLogicalMatrix	创建逻辑类型的稀疏矩阵
mxCreateString	创建一个 $1 \times N$ 维字符串向量
mxDestroyArray	可释放 mxCreate 函数所分配的内存
mxDuplicateArray	数据复制函数
mxFree	释放由 mxMalloc 等函数所分配的内存
mxGetIr	获取稀疏矩阵行索引数组指针
mxGetJc	获取稀疏矩阵列索引数组指针
mxGetlogicals	获取逻辑数组的指针
mxGetM	获取数组的行数
mxGetN	获取数组的列数
mxGetPi	获取数组中虚数部的数据指针
mxGetPr	获取数组中实数部的数据指针
mxGetScalar	获取数组实数部的第一元素值
mxGetString	获取字符串数组的内容
mxIsChar	判断输入参数是否为字符数组
mxIsDouble	判断输入参数是否为双精度数组
mxIsFinite	判断输入参数是否为有限值
mxIsInf	判断输入参数是否为无穷大
mxIsLogical	判断输入参数是否为逻辑数组
mxIsLogicalScalar	判断输入参数是否为逻辑标量
mxIsSparse	判断输入参数是否为稀疏矩阵
mxMalloc	用 MATLAB 内存管理器动态分配内存
mxRealloc	用 MATLAB 内存管理器重新分配内存

2. 典型 MEX 库函数

函　数　名	意　　义
mex	C-MEX 编译指令
mexCallMATLAB	调用 MATLAB 函数
mexErrMsgTxt	错误函数
mexErrMsgIdAndTxt	标准错误函数
mexEvalString	调用 MATLAB 指令
mexFunction	C 程序的外部接口函数
mexGetVariable	调用复制函数
mexIsGlobal	判断是否为全局工作变量
mexMakeArrayPersistent	保留内存变量命令
mexPrintf	与 C 语言的 printf 函数相同
mexPutVariable	输出复制函数
mexSetTrapFlag	设置 mexCallMATLAB 函数出错策略
mexWarnMsgIdAndTxt	警告函数

附录 B 本书中使用的命令和程序

附录 B 提供了书中使用的命令和程序，也有数据文件。附录 B 文件有电子版供读者下载，读者可以用复制→粘贴的办法结合 MATLAB 软件实际操作，提高学习效率。一些篇幅较长的 MATLAB 程序另有单独的 M 文件可以下载。纯数据文件篇幅很大，没有人工阅读的价值，还影响其他内容的查阅效率，有些数据文件更不是可读的文本文件，故只提供文件名以备检索。

B.1 MATLAB 语言概述

1.2 MATLAB 基本功能演示
MATLAB 命令

```
A = magic ( 4 )
[ sum(A), sum(A'), trace(A), trace( rot90(A) ) ]
r = rank ( A ), e = eig ( A )
```

【例 1-2】
MATLAB 命令

```
t = [ 0 : 0.05 : 2 * pi ];
y = sin ( t .^2 );
plot ( t , y )
```

【例 1-3】
MATLAB 命令

```
[x,y]=meshgrid(-3:0.1:3);
z=3 * (1-x).^2. * exp(-(x.^2)-(y+1).^2)-10 * (x/5-x.^3-y.^5)...
    . * exp(-x.^2-y.^2)-1/3 * exp(-(x+1).^2-y.^2);
surf(x,y,z),colorbar
xlabel('\it x'), ylabel('\it y'), zlabel('\it z')
```

【例 1-4】
函数文件 vdpfunc. m

```
function dxdt = vdpfunc ( t , x )
dxdt = [ x(2) ;
        (1 - x(1) ^2) * x(2) - x(1) ];
```

MATLAB 主程序（命令）

```
[t,x] = ode45 ( @ vdpfunc , [0 , 20] , [2 ; 0] );
```

```
plot (t ,x(:,1),'-b')
xlabel('t'), ylabel('y'), title ('Van der Pol 方程')
```

1.3　上机实践

9　程序文件 logsine.m

```
x1 = 1; x2 = pi;                 % 设置初值,判定解在 1 和 π 之间.
for I = 1:32                     % 设定对分法循环 32 次
    y1 = log(x1)-sin(x1);        % 求左端点的函数值
    y2 = log(x2)-sin(x2);        % 求右端点的函数值
    x = 0.5 * (x1+x2);           % 求中间点的自变量值
    y = log(x)-sin(x);           % 求中间点的函数值
    if y * y1>0, x1=x; end       % 如果中间点的函数值与左端点函数值同号,
                                 % 则将中间点作为下一次循环的左端点.
    if y * y2>0, x2=x; end       % 如果中间点的函数值与右端点函数值同号,
                                 % 则将中间点作为下一次循环的右端点.
end                             % 循环结束
format long; x, y               % 设置长格式以显示较多的有效数字.
```

MATLAB 命令

```
logsine
```

B. 2　MATLAB 运行环境和编程工具

2.4　MATLAB 的联机帮助系统

MATLAB 命令

```
help eig
doc eig
helpwin
lookfor decomposition
what general
ver control
```

2.5　上机实践

4(1)　MATLAB 命令

```
clear
which
quit
exit
workspace
```

4(2)　MATLAB 命令

```
format long, r = [pi, e]
```

```
format short e, r = [pi, e]
format long e, r = [pi, e]
format short g, r = [pi, e]
format long g, r = [pi, e]
format hex, r = [pi, e]
format rat, r = [pi, e]
```

程序文件 coneball.m

```
% 准备环境
clear                                           % 清空工作空间
R=300;H=400;                                     % 圆锥半径和高
r=200;                                           % 圆球半径
h=100;                                           % 圆球垂直偏移量
a=150;                                           % 圆球横向偏移量
th=(0:2:362)*pi/180;                             % 圆周角
th1=(50:5:290)*pi/180;                           % 圆球轮廓在底面的投影转角
% 准备圆球数据
z1=(-r:2:r)';                                    % 垂向坐标(一维)
x1=sqrt(r^2-z1.^2)*cos(th);                      % 横向坐标
y1=sqrt(r^2-z1.^2)*sin(th);                      % 纵向坐标
z1=z1*ones(size(th));                            % 垂向坐标(二维)
X1=a+x1;Y1=y1;Z1=z1+h;                           % 存于另一组变量
% 准备圆锥数据
r2=[0,R]';
x2=r2*cos(th);
y2=r2*sin(th);
z2=[H;0]*ones(size(th));
% 准备圆锥底数据
r3=[0,R]';
x3=r3*cos(th);
y3=r3*sin(th);
z3=[0;0]*ones(size(th));
% 准备圆球轮廓在圆锥底面的投影数据
x4=r*cos(th1)+a;
y4=r*sin(th1);
z4=0*ones(size(th1));
% 绘图
surf(X1',Y1',Z1','FaceColor',[.7,.1,.1]','EdgeColor','none','FaceLighting','phong')
hold on
surf(x2',y2',z2','FaceColor',[.1,.7,.1]','EdgeColor','none','FaceLighting','phong')
hold on
surf(x3',y3',z3','FaceColor',[.1,.1,.7]','EdgeColor','none','FaceLighting','phong')
```

```
hold on
plot3(x4',y4',z4','-w')
% hold on
% plot3(x,y,z,'w-')
hold off,axis equal
% 改变视角
view(-50,30)
camlight(90,-20)
camlight(-90,-20)
camlight
axis off
pause
view([0,0,1]),
pause,
view([0,-1,0]),
pause,
view([0,0,-1]),
pause
view(70,-10)
```

4(3)　程序文件 wall.m

```
load('data.txt');
y=data(:);
x=[1:length(y)]'-1;
Dx=diff(x);  Dy=diff(y);
h=50;
r=sqrt((Dx).^2+(Dy).^2);
sn=Dy./r;
cs=Dx./r;
x0=x(1:end-1)+h*sn;
y0=y(1:end-1)-h*cs;
h1=plot(x,y,x0,y0,'--');
axis([0 1800 200 2000]), axis square
set(gcf,'position',[7 5 501 380])
```

数据文件 data.txt (不在此列出,请使用另行提供的文件)

命令行

```
more on
type wall.m
more off
type wall.m
```

4(4)　MATLAB 命令

```
wall
```

4(5)   程序文件 coneball2.m

```
% 准备环境
clear                                    % 清空工作空间
R=300;H=400;                             % 圆锥半径和高
r=200;                                   % 圆球半径
h=100;                                   % 圆球垂直偏移量
a=150;                                   % 圆球横向偏移量
th=(0:2:362)*pi/180;                     % 圆周角
% 准备圆球数据
z1=(-r:2:r)';                            % 垂向坐标(一维)
x1=sqrt(r^2-z1.^2)*cos(th);             % 横向坐标
y1=sqrt(r^2-z1.^2)*sin(th);             % 纵向坐标
z1=z1*ones(size(th));                    % 垂向坐标(二维)
x1=a+x1;z1=z1+h;                         % 平移
% 准备圆锥数据
r2=[0,R]';                               % 母线
x2=r2*cos(th);
y2=r2*sin(th);
z2=[H;0]*ones(size(th));
% 准备圆锥底数据
r3=[0,R]';
x3=r3*cos(th);
y3=r3*sin(th);
z3=[0;0]*ones(size(th));
% 准备圆球轮廓在圆锥底面的投影数据
th1=(65:5:295)*pi/180;                   % 圆球轮廓在底面的投影转角
x4=r*cos(th1)+a;
y4=r*sin(th1);
z4=0*ones(size(th1));
% 绘图
subplot(221)
surf(x1',y1',z1','FaceColor',[.7,.1,.1]','EdgeColor','none','FaceLighting','phong')
camlight
axis equal,
axis off
subplot(222)
surf(x2',y2',z2','FaceColor',[.1,.7,.1]','EdgeColor','none','FaceLighting','phong')
camlight
axis equal,
axis off
subplot(223)
surf(x1',y1',z1','FaceColor',[.7,.1,.1]','EdgeColor','none','FaceLighting','phong')
```

```
hold on
surf(x2',y2',z2','FaceColor',[.1,.7,.1],'EdgeColor','none','FaceLighting','phong')
hold on
surf(x3',y3',z3','FaceColor',[1,1,0],'EdgeColor','none','FaceLighting','phong')
hold on, axis equal,
camlight (45,45,'infinite')
camlight (135,-25,'infinite')
axis off
view(70,-10)
subplot(224)
surf(x1',y1',z1','FaceColor',[.7,.1,.1]','EdgeColor','none','FaceLighting','phong')
hold on
surf(x2',y2',z2','FaceColor',[.1,.7,.1],'EdgeColor','none','FaceLighting','phong')
hold on
surf(x3',y3',z3','FaceColor',[1,1,0],'EdgeColor','none','FaceLighting','phong')
hold on, axis equal,
camlight (135,-25,'infinite')
axis off
plot3(x4',y4',z4','-b')
hold off,
view([0,0,-1])
```

MATLAB 命令

```
coneball2
clc
cla
clf
close
```

5. MATLAB 命令

```
help
help.
helpwin
lookfor zoom
which zoom
help zoom
doc zoom
what
ver signal
```

6. MATLAB 命令

```
help angle
angle(5+6i)
```

```
angle(5+6i)/pi*180
lookfor permutations
doc perms
perms(['x', 'y', 'z'])
```

8. `magic(6)`

9.
```
lookfor image
lookfor processing
help iptdemos
doc iptdemos
iptdemos
```

10. `x=1:10; y=2*x; z=x.^2; A=x'*x; B=A'; C=zeros(size(A));`
```
save
clear
load

save B z
clear B z
load

save mymat
clear
load mymat

save myfile A x z
clear A x z
load myfile
```

B.3　MATLAB 语言程序设计基础

3.1　MATLAB 基本数据类型
3.1.1　变量、常量与赋值语句结构
3　赋值语句结构

```
>> s = 1-1/2+1/3-1/4+1/5-1/6+1/7-1/8+1/9-1/10+1/11-1/12;
```

3.1.2　矩阵的 MATLAB 表示
1　简单矩阵

```
>> A=[1,2,3;4,5,6;7,8,9]
>>A = [1 2 3
       4 5 6
       7 8 9]
```

```
>> A1 = [1 2 3 4 5]
>> B1 = [1;2;3;4;5]
>> A = [A;[1 3 5]]
>> A = [A;[1 3]]
>>x = [-1.3,sqrt(3),(1+2+3)*4/5]
>>x(5)=abs(x(1))
>>A=A(1:3, :);
>>A([1 3], [1 2])
>>A1 = [ 1 2 3 4 5 ]
>>A1 = 1:5
>> A(:,[1, 3 ])
>> A(:)
>>k = linspace(-pi, pi, 5)
>>k = logspace(-1, 2, 5)
>> reshape(ans,4,2)
>> A(2:end, [1 3])
```

2　复数矩阵

```
>>B = [1 2; 3 4] + 1i * [5 6; 7 8]
>>B = [1+5i 2+6i; 3+7i 4+8i]
```

3　空矩阵

```
>>x = [ ]
>> x = 1:-2
>>A(:,[2 3])=[ ]
```

4　特殊矩阵

```
>>p=[1 0 -7 6];
>>a=compan(p)
>>eig(a)
>> A=rand(4,3), B=eye(size(A))
>> C=ones(size(A)), D=zeros(5)
```

3.1.3　构造多维数组

```
>> A1=[1, 2, 3; 4, 5, 6; 7, 8, 9];
>> A2=A1'; A3=A1-A2;
>> cat(1, A1, A2, A3)
>> cat(2, A1, A2, A3)
>> cat(3,A1,A2,A3)
>> size(A1)
>> size(ans)
>> length(ans)
```

3.1.4　字符串变量及其处理

```
>>s = 'Hello'
```

```
>>s = [s ' ''world' ]
>>s = [s;'world' ]
```

3.2　MATLAB 语言的基本运算与输入输出

3.2.1　矩阵的代数运算

1　矩阵转置

```
>> A = [1 2 3;4 5 6;7 8 0], B=A'
>> x = [-1 0 2]'
```

2　矩阵加减法

```
>> A = [1,2; 3,4]; B=A+2
```

3　矩阵乘法

```
>> A * B
>> pi * A
```

5　矩阵乘方

```
>> A = [1,2;3,4];A^2
>> A^0.1
```

6　点运算

```
>> A = [1,2;3,4]; B = [5,6;7,8]; A * B
>> A. * B
```

7　矩阵的翻转

```
>> A = [1,2;3,4]; rot90(A)
>> flipud(A)
>> fliplr(A)
```

3.2.2　矩阵的逻辑运算

```
>> A = [1,2;3,4]; B = [0,6;0,8]; A|B
>> A&B
>> xor(A,B)
>> a = -5;b=10;(b~ =0)&&(a/b>5)
>> (b= =0)||(a/b>0)
>>~a
```

3.2.3　矩阵的比较关系

```
>> P = rem(A,3)= =0.
>>format +, P
>> A =magic(6)
>>P=rem(A,3)= =0
```

```
>> format +,P
>>format, y = [4 2 1 5 3 0 6], i = find(y>3.0)
A = rand(3);
if all(A<0.5)
   A = A+2;
end
A
>> A = magic(6), any(A)
>> any(any(A))
```

3.2.4　矩阵元素的数据变换

```
>> A = [1 2 3;4 5 6], B = fix(pi * A), C = cos(pi * B)
```

3.2.5　输入与输出语句

```
>>n = input('How many apples '),
>> n = input('How many apples are there? \n Please input:');
>>display(['There are ',num2str(n),' apples. '])
```

3.3　MATLAB 语言的程序流程语句

3.3.1　循环语句

1　for 循环语句

```
for i = 1:5, x(i) = 0, end
for i = 1:4
    for j = 1:4
        A(i,j) = 1 / (i+j-1);
    end
end
A


t = [-1;0;1;3;5];
n = max(size(t));
for j = 1:n
    for i = 1:n
        A(i,j) = t(i)^(n-j);
    end
end
A


t = [-1;0;1;3;5];
n = max(size(t));
A(:,n) = ones(n,1);
for j = n-1:-1:1
    A(:,j) = t. * A(:,j+1);
```

```
end
A
```

2 while 循环语句

```
n=1;
while prod(1:n)<1.e100
    n=n+1;
end
n
```

【例 3-1】

```
n=input ('n=');
if n<0
    a=-1
elseif rem(n,2)==0
    a=0
else
    a=1
end
```

【例 3-2】

```
% Classic "3n+1" problem from number theory.
while 1
    n=input('Enter n, negative quits.');
    if n<=0, break, end
    while n > 1
        if rem(n,2)==0
            n=n/2
        else
            n=3*n+1
        end;
    end
end
```

【例 3-3】

```
n=0;
e1=0; e=1;
while abs(e-e1)>1e-16
    n=n+1;  x=1:n; e1=e;
    x=1./(cumprod(x));
    e=1+sum(x);
end
format long, e
```

3.3.3　开关语句

```
METHOD = input('METHOD','s');
switch lower(METHOD)
    case {'linear','bilinear'}
        disp('Method is linear.')
    case 'cubic'
        disp('Method is cubic.')
    case 'nearest'
        disp('Method is nearest.')
    otherwise
        disp('Unknown method.')
end
```

3.4　MATLAB 语言的文件编写与调试

3.4.2　函数文件

程序文件名 bounds.m

```
function [S,L] = bounds(A,in2,in3)
% BOUNDS Smallest and largest elements
%   [S,L] = BOUNDS(A) returns the smallest element S and
%   largest element L for a vector A. If A is a matrix, S
%   and L are the smallest and largest elements of each
%   column. For N-D arrays, BOUNDS(A) operates along the
%   first array dimension not equal to 1.
%
%   [S,L] = BOUNDS(A,'all') returns the smallest element
%   and largest element of A.
%
%   [S,L] = BOUNDS(A,DIM) operates along the dimension DIM.
%
%   [S,L] = BOUNDS(A,VECDIM) operates on the dimensions
%   specified in the vector VECDIM. For example,
%   BOUNDS(A,[1 2]) operates on the elements contained in
%   the first and second dimensions of X.
%
%   See also MIN, MAX, SORT.
%
%   Copyright 2016-2019 The MathWorks, Inc.

if nargin <= 1
    S = min(A);
    L = max(A);
elseif nargin == 2
```

```
        S = min(A,[],in2);
        L = max(A,[],in2);
    else
        S = min(A,[],in2,in3);
        L = max(A,[],in2,in3);
    end
>>P = magic(4); [Vs,Vl] = bounds(P,2)

function r = rank(A,tol)
% RANK   Matrix rank.
%    RANK(A) provides an estimate of the number of linearly
%    independent rows or columns of a matrix A.
%
%    RANK(A,TOL) is the number of singular values of A that are
%    larger than TOL. By default, TOL = max(size(A)) * eps(norm(A)).
%
%    Class support for input A:
%        float: double, single
%
s = svd(A);
if nargin==1
tol = max(size(A)) * eps(max(s));
end
r = sum(s > tol);

>>Z = [3 2 4; -1 1 2; 9 5 10]; rank(Z)
```

【例 3-4】

文件名：logsine.m，内容见 B. 1 中 1. 3/9。

3.5.1　测定程序执行时间和时间分配

将 tic 和 toc 加入 logsine.m 的首部和尾部，运行 logsine.m。

```
>> logsine
```

【例 3-5】

```
>>profile on
>>plot(magic(35));
>>profile viewer
```

3.5.2　充分发挥速度和利用内存

```
% 流程一
clear
tic
n=100000;
```

```
for i=1:n
    y(i)=i.^2+6*i-3;
end
toc
%流程二
clear
tic
n=100000;
y=zeros(1,n);
for i=1:n
    y(i)=i.^2+6*i-3;
end
toc
%流程三
clear
tic
n=100000;
y=ones(1,n);
y=y.^2+6*y-3;
toc
```

3.6　上机实践

1

```
>> A = [1 2 3 3;2 3 5 7;1 3 5 7;3 2 3 9;1 8 9 4]
>>B1 = [1 4 3 6 7 8;2 3 3 5 5 4;2 6 5 3 4 2;1 8 9 5 4 3];
>>B2 = [4 0 0 0 0 0;0 0 0 0 0 2;0 7 0 0 0 0;0 0 0 0 0 0];
>>B = B1 + B2*1i
>> C=A*B
>>D=C(4:5,4:6)
```

2（1）

```
>> x=1:5
>> x=(1:5)'
```

2（2）

```
>> y=0:pi/4:pi
```

2（3）

```
>> x=(0:0.2:3)';y=exp(-x).*sin(x);[x y]
```

2（4）

```
>> k=linspace(-pi,pi,5)
>> k=logspace(-3,1,5)
```

3 (1)

```
>>zz=[z  fliplr(z); flipud(z) flipud(fliplr(z))]
```

3 (2)

```
>>b=reshape(a,2,6),  tril(a),  triu(a)
```

7

```
>> [5 7 6 5 1; 7 10 8 7 2; 6 8 10 9 3; 5 7 9 10 4; 1 2 3 4 5];
>> [24 96; 34 136; 36 144; 35 140; 15 60];
```

8 (1)

```
>> [1 1 1 0; 1 2 1 -1; 2 -1 0 -3; 3 3 5 -6];
>> [1; 8; 3; 5];
```

8 (2)

```
>> [1 1 1 0; 2 1 -1 1; 1 2 -1 1; 0 1 2 3];
>>[5; 1; 2; 3];
```

9

```
>> A=[2 5 6]; B=[11 3 8]; C=[5 1 11];
```

10

```
>> P=[1 0 0]
>> C=rem(P,2)
```

11

```
>> y=[4 2 1 5 3 0 6];
```

13

M 文件名 B3_6_13.m

```
tic
K=0; n=1;
for i=0:63
    K=K+n; n=n*2;
end, K
toc

tic
K=0; n=1; i=0;
while i<64
    K=K+n; n=n*2; i=i+1;
end, K
toc
```

```
tic
K = sum(2.^(0:63))
toc
```

14

M 文件名 logcosine.m

```
phi = (0:3)*pi/8;   X = ones(4,1);          % 准备相位角值,准备结果向量.
for J = 1:4
    x1 = .5; x2 = pi;                       % 设置初值,判定解在 0.5 和 pi 之间.
    for I = 1:32                            % 设定对分法循环 32 次
        y1 = log(x1)-cos(x1+phi(J));        % 求左端点的函数值
        y2 = log(x2)-cos(x2+phi(J));        % 求右端点的函数值
        x = 0.5*(x1+x2);                    % 求中间点的自变量值
        y = log(x)-cos(x+phi(J));           % 求中间点的函数值
        if y*y1>0, x1 = x; end              % 根据函数值更换新左端点.
        if y*y2>0, x2 = x; end              % 根据函数值更换新右端点.
    end                                     % 循环结束
    X(J) = x;
end
format long, X
```

B.4　用 MATLAB 实现计算数据可视化

【例 4-1】

```
>>t = (0:0.05:2)*pi; y = sin(t); plot(t,y)
>>t = (0:0.05:2)*pi; y = [sin(t); cos(t)]; plot(t,y)
>>t = (0:0.05:2)*pi; y = [sin(t); 0.01*cos(t)]; plot(t,y)
>>t = (0:0.05:2)*pi; plotyy(t, sin(t), t, 0.01*cos(t));
```

4.1.2　绘图语句的选项

```
>>t = (0:0.03:2)*pi; y1 = sin(t); y2 = cos(t); y3 = y1.*y2;
>>plot(t, y1, '--r', t, y2, '-.g', t, y3, 'x')
>>plot(x1, y1, '--r', x2, y2, x3, y3, '-.g', x4, y4);
```

4.1.3　图形标识和坐标控制

```
>>grid on, xlabel('时间'), ylabel('幅值'), title('正弦曲线')
>>axis([-1, 8, -1.2, 1.2]);
```

【例 4-2】

```
axis([0, 5, 0, 5]); hold on; box on;
x = []; y = [];
while 1
```

```
    [ x1, y1, button ] = ginput (1);
    if ( button ~ = 1 ) break; end
    plot (x1, y1, 'o' ); x = [x, x1]; y = [y, y1];
end
line (x , y); hold off
gtext ('用左键取点,然后画折线');
```

4.2.1　句柄图形体系
1　从图形绘制命令获取句柄

```
>>x = [1  2  3  4  5  6];
>>y = [8  3  6  2  1  9];
>>h = line(x ,y);
```

【例 4-3】

```
>>t = (0:10:360) * pi /180; y = sin (t);
>>subplot (2, 1, 1), plot (t, y)
>>subplot (2, 2, 3), stem (t, y)
>>subplot (2, 2, 4), polar (t, y)

>>y2 = cos (t); y3 = y. * y2;
>>plot (t, y, '--or', t, y2, '-.h', t, y3, '-xb');
>>xlabel ('时间');  ylabel ('幅值');
>>axis ([ -1, 8, -1.2, 1.2]);

>>subplot (4, 4, 11), fill (t, y, 'r')
>>subplot (4, 4, 12), plot (t, y)
>>subplot (4, 4, 15), plot (t, y2)
>>subplot (4, 4, 16), plot (t, y3)

>>subplot (3, 1, 2), plot (t, y);
```

【例 4-4】

```
t = linspace (0, 2 * pi, 60);
y1 = sin (t);  y2 = cos (t);  y3 = y1. * y2;
h = figure (1);  stairs (t, y1)
h1 = axes ('pos', [0.2 0.2 0.6 0.4 ]);  plot (t, y1)
h2 = axes ('pos', [0.1 0.1 0.8 0.1 ]);  stem (t, y1)
h3 = axes ('pos', [0.5 0.5 0.4 0.4 ]);  fill (t, y1, 'g')
h4 = axes ('pos', [ 0.1 0.6 0.3 0.3 ]);
plot (t, y1, '--', t, y2, ':', t, y3, 'o')

>>set (h4, 'pos', [0.1 0.1 0.4 0.4])
>> set (h, 'pos', [0 0 560 400])
>> set (h3, 'box', 'off')
```

```
>> set(h3, 'xgrid', 'on')
>> set(h3, 'gridlinestyle', '-')
>> set(h3, 'xdir', 'reverse')
>> set(h3, 'xdir', 'normal')
>> ht3 = get(h3, 'title')
>> set(ht3, 'string', '澳洲人的回旋镖')
>> set(ht3, 'rotation', -10)
>> set(ht3, 'fontsize', 15)
>> set(ht3, 'color', [244 29 249]/255)

>>h4.Position = [0.2 0.3 0.4 0.4];
>>h.Position = [10 10 560 400];
>>h3.Box = 'off';
>>h3.XGrid = 'on';
>>h3.GridLineStyle = '-';
>>h3.XDir = 'reverse';
>>h3.XDir = 'normal';
>>ht3 = get(h3, 'title');
>>ht3.String = '澳洲人的回旋镖';
>>ht3.Rotation = 10;
>> ht3.FontSize = 30;
>>ht3.Color = [0 0 255]/255;
```

【例 4-5】

```
>> subplot(111)
>>t = 0:0.4:2*pi; y = sin(t);
>>hc = plot(t, y, '-p');
>>axis([0, 2*pi, -2.2, 2.2])
>>yy = get(hc, 'YData');
>> hc.MarkerSize = 20;
>> hc.LineStyle = '-.';
>> hc.Color = [69 34 120]/255;
>> hc.YData = yy*2;
```

4.2.4　字符对象句柄设定

```
>>ht = gtext('Matlab 语言');
>>set(ht, 'string', '数据可视化', 'fontsize', 30, 'rotation', 10)
>>set(ht, 'color', 'r', 'fontweight', 'bold', 'fontname', '隶书')
```

【例 4-6】

```
>>x = -2:0.1:2; y = sin(x);
>>subplot(2,2,1), stairs(x, y), title('(a) stairs')
>>subplot(2,2,2), compass(cos(x), y), title('(b) compass')
```

```
>>y1 = randn(1, 10000);
>>subplot(2,2,3), hist(y1, 20), title('(c) histogram')
>>subplot(2,2,4),
>>[u, v] = meshgrid(-2:0.2:2, -1:0.15:1);
>>z = u.*exp(-u.^2-v.^2); [px, py] = gradient(z, 0.2, 0.15);
>>contour(u, v, z), hold on
>>quiver(u, v, px, py), hold off, axis image
>>title('(d) quiver')
```

【例 4-7】

```
>>x = -2:0.2:2;
>>y = sin(x);
>>L = rand(1, length(x))/10;
>>U = rand(1, length(x))/10
>> clf,errorbar(x, y, L, U, ':')
```

【例 4-8】

```
>>z = [2+3i, 2+2i, 1-2i, 4i, -3];
>>x = [2, 2, 1, 0, -3];
>>y = [3, 2, -2, 4, 0]
>>subplot(1, 2, 1), compass(z, 'r')
>>subplot(1, 2, 2), feather(x, y, 'b')
```

【例 4-9】

```
>>x = -pi:0.15:pi; y = sin(x);
>> clf,bar(x, y, 'r', 'edgecolor', 'g');
```

【例 4-10】

```
>>y = randn(1, 20000);  b = (max(y)-min(y))/20;
>> x = (min(y):b:max(y));
>>clf, zz = histogram(y, x, 'normalization', 'pdf');
>> x1 = (min(y):b/4:max(y)); y1 = 1/sqrt(2*pi)*exp(-x1.^2/2);
>> hold on;
>> plot(x1, y1, '-r');
>> hold off
```

【例 4-11】

```
>>theta = 0:0.1:8*pi;
>>polar(theta, cos(4*theta)+1/4);
```

【例 4-12】

```
>>theta = (0:0.02:6)*pi;
>>r = cos(theta/3)+11/9;
>> clf
>>subplot(2, 2, 1), polar(theta, r)
```

```
>>subplot(2,2,2),plot(theta,r)
>>subplot(2,3,4),semilogx(theta,r)
>>subplot(2,3,5),semilogy(theta,r)
>>subplot(2,3,6),loglog(theta,r)
```

【例4-13】

```
>>t = (-1:0.002:1)*8*pi;
>>h = figure(1);
>>h.Position = [100 100 1000 300];
>>subplot(1,2,1),plot3(cos(t),sin(t),t,'b-')
>>subplot(1,2,2),comet3(sin(t),cos(t),t)
```

【例4-14】

```
>> clf
>>subplot(2,2,1),sphere(3);
>> title('n=3'),axis equal
>> subplot(2,2,2),sphere(6);
>> title('n=6'),axis equal
>> subplot(2,2,3),sphere;                    %默认值20
>> title('n=20'),axis equal
>> subplot(2,2,4),sphere(50);
>> title('n=50'),axis equal
```

【例4-15】

```
>>[x,y,z] = sphere(30);
>>figure
>>surf(x,y,z)
>> axis equal,hold on
>>surf(x+3,y-2,z*2-2)
>>surf(x*1.5,y*1.5+1,z*1.5-3)
```

【例4-16】

```
t = linspace(pi/2,3.5*pi,50);R = cos(t)+2;
subplot(2,2,1)
cylinder(R,3),title('n=3'),axis square
subplot(2,2,2)
cylinder(R,6),title('n=6'),axis square
subplot(2,2,3)
cylinder(R),title('n=20'),axis square
subplot(2,2,4)
cylinder(R,50),title('n=50'),axis square

R = [0;5];
```

```
cylinder(R, 50), title('n=50')
```

【例 4-17】

```
[x, y] = meshgrid(-8:0.5:8, -10:0.5:10);
R = sqrt(x.^2+y.^2)+eps;
z = sin(R)./R;
mesh(x ,y, z)
```

4.4.4　绘制三维曲面图

```
[x, y] = meshgrid(-8:0.5:8, -10:0.5:10);
R = sqrt(x.^2+y.^2)+eps;
z = sin(R)./R;
surf(x, y, z)
colorbar
```

```
[x, y] = meshgrid(-8:0.5:8, -10:0.5:10);
R = sqrt(x.^2+y.^2)+eps;
z = sin(R)./R;
h = surf(x, y, z)
set(h, 'meshstyle', 'row')
```

【例 4-18】

```
[x, y] = meshgrid(-3:0.1:3, -2:0.1:2);
z = (x.^2-2*x).*exp(-x.^2-y.^2-x.*y);
h1 = figure(1); set(h1, 'pos', [88 0 1120 1260])
axis([-3 3 -2 2 -0.7 1.5]); surf(x, y, z)
h2 = figure(2); set(h2, 'pos', [88 0 1120 1260])
figure(2);
axis([-3 3 -2 2 -0.7 1.5]); surf(x, y, z)
view(az+180, el)

>>for i=1:10:360, view(az+i, 30), pause(0.1), end
```

【例 4-19】

```
[x, y] = meshgrid(-3:0.1:3, -2:0.1:2);
z = (x.^2-2*x).*exp(-x.^2-y.^2-x.*y);
axis([-3 3 -2 2 -0.7 1.5])
surf(x, y, z)
subplot(2, 2, 1), surf(x, y, z), view(0, 0)
title('view (0, 0)　主视图')
subplot(2, 2, 2), surf(x, y, z), view (-90, 0)
title('view (-90, 0)　左视图')
subplot(2, 2, 3), surf(x, y, z), view(0, 90)
```

```
title('view (0,90)  俯视图')
subplot(2,2,4),surf(x,y,z),view(-37.5,30)
title('view (-37.5,30)  默认视角图')
```

4.6　上机实践

1

```
x=(-6:0.1:6)*pi;y=sin(x)./x;
plot(x,y)


x=(-6:0.1:6)*pi+eps;y=sin(x)./x;
plot(x,y)
```

B.5　用 MATLAB 进行数值运算

5.2.2　矩阵的特征参数运算

1　矩阵的行列式

```
>> A=[1,2,3;4,5,6;7,8,0]; det(A)
```

2　矩阵的迹

```
>> trace(A)
```

3　矩阵的秩

```
>> rank(A)
```

4　矩阵的范数

```
>> A=[1,2,3;4,5,6;7,8,0];
>> [norm(A),norm(A,2),norm(A,1),norm(A,Inf),norm(A,'fro')]
```

5　矩阵的特征多项式、特征方程与特征根

```
>> A=[1,2,3;4,5,6;7,8,0]; B=poly(A)
>> A=[1,2,3;4,5,9;7,8,6];eig(A)
>> B=poly(A),roots(B)
```

6　多项式及多项式矩阵的求值

```
>> A=[1,2,3;4,5,6;7,8,0];aa=poly(A),
>> B=polyvalm(aa,A),norm(B)
```

5.2.3　矩阵的相似变换与分解

1　三角形分解

```
>> A=[1,2,3;4,5,6;7,8,0];[L,U]=lu(A)
>>L*U
>> d1=det(A),d2=det(L)*det(U)
```

2 正交分解

```
>> A=[1,2,3;4,5,6;7,8,9;10,11,12];[Q,R]=qr(A)
>> Q *R
>> A=[1,2,3;4,5,6;7,8,9;10,11,12]; [Q,R]=qr(A); b=[1;3;5;7];
>> x=A\b
>>y = Q'*b;
>>x = R\y
>> A *x-b
```

4 特征值

```
>> A=[0 1 ;-1 0]; eig(A)
>> [X,D]=eig(A)
```

5.3.1 数值差分运算

```
>> v=vander(1:6)
>> diff(v)
>> v=vander(1:6), format short G, [dx,dy]=gradient(v)
```

5.3.2 第一类问题的数值积分

```
>> y=1:10; q=trapz(y)
>> y=1:10; q=cumtrapz(y)
>>y=1:10; q=cumtrapz(0.5,y)
>>x=[1, 1.2, 1.5, 1.6, 1.8, 1.9, 2.2, 2.3, 2.6, 3]; y=1:10; q=cumtrapz(x,y)
```

5.3.3 第二类问题的数值积分

M 文件名 humps.m

```
function y=humps(x)
y=1./((x-.3).^2+0.01)+1./((x-.9).^2+0.04)-6;
```

命令行窗口执行程序

```
>>x=-1:0.01:2; plot(x, humps(x))
>> q=integral(@ humps,0,1)
>> q=integral(@ (x) 1./((x-.3).^2+0.01)+1./((x-.9).^2+0.04)-6,0,1)

q=integral(@ humps,0,1)

funcy=@ (x) 1./((x-.3).^2+0.01)+1./((x-.9).^2+0.04)-6
q=integral(funcy,0,1).

q=integral(@ (x) 1./((x-.3).^2+0.01)+1./((x-.9).^2+0.04)-6,0,1)

>> q=integral(@ (x) 1/sqrt(2 *pi) *exp(-x.^2/2),-inf,inf)
```

【例 5-1】

M 函数文件名 lorenzeq.m

```
function xdot = lorenzeq(t,x)
xdot = [-8/3*x(1)+x(2)*x(3);
        -10*x(2)+10*x(3);
        -x(1)*x(2)+28*x(2)-x(3)];
```

主程序

```
t_final=100;
x0=[0;0;1e-10];
[t,x]=ode45('lorenzeq',[0,t_final],x0);    % 用函数文件名形式引入微分方程
% [t,x]=ode45(@ lorenzeq,[0,t_final],x0); % 用句柄形式引入微分方程
figure(1); set(gcf,'position',[7 225 780 540])
plot(t,x),
figure(2); set(gcf,'position',[803 225 780 540])
plot3(x(:,1),x(:,2),x(:,3));
axis([10 40 -20 20 -20 20])
```

【例 5-2】

M 函数文件名 difeq.m

```
function xdot=difeq(t,x);
xdot=zeros(2,1);
xdot(1)=x(2);
xdot(2)=(1-x(1).^2).*x(2)-x(1);
```

主程序

```
t0=0; tf=20;
x0=[0.25 0];   % Initial conditions
[t,x]=ode23('difeq',[t0,tf],x0);
plot(t,x)
```

【例 5-3】

M 函数文件名 sink.m

```
function dx=sink(t,x)
M=1; g=9.81; k=10;
dx=[x(2);
    g-k/M*x(2)];
```

主程序

```
x0=[0;1];
[t,x]=ode45('sink',[0,1],x0);
subplot(211),plot(t,x(:,1));
```

```
subplot(212),plot(t,x(:,2));
```

【例 5-4】

M 函数文件名 myfun.m

```
function dx=myfun(t,x);
dx=[x(2); x(3); (x(3)-1).^2-x(2)-x(1).^2];
```

主程序

```
y0=[0;1;-1];
[t,y]=ode45('myfun',[0,20],y0);
plot(t,y)
```

【例 5-5】

```
p=[0,1.1,2.1,2.8,4.2,5,6.1,6.9,8.1,9,9.9];
u=[10,11,13,14,17,18,22,24,29,34,39];
A=polyfit(p,u,3);                    % A 中存放 4 个系数
a=A(1), b=A(2), c=A(3), d=A(4)       % 显示 a、b、c、d
p1=0:.01:10; u1=polyval(A,p1);       % 按系数计算拟合函数的一系列点
plot(p1, u1, p, u, 'o')              % 画出拟合曲线和测试点
gtext(datestr(now))
```

5.5.3　数据分析与统计处理

```
>> A=magic(8)
>> max(max(A))
```

【例 5-6】

```
fun = @ sin;
x1 = 0;
x2 = 2*pi;
x = fminbnd(fun,x1,x2)
>>disp(num2str(3*pi/2))
>>options = optimset('Display','iter'); x = fminbnd(fun,x1,x2,options)
>> options=optimset('PlotFcns',@ optimplotfval); x = fminbnd(fun,x1,x2,options)
```

【例 5-7】

```
>>fun=@ (x) 100*(x(1).*x(1)-x(2)).^2+(1-x(1)).^2;   x0=[10,-10];
>>x = fminsearch(fun,x0)
```

【例 5-8】

```
>>C = [0.0372 0.2869; 0.6861 0.7071; 0.6233 0.6245; 0.6344 0.6170];
>>d = [0.8587; 0.1781; 0.0747; 0.8405];
>>x = lsqnonneg(C,d)
```

【例 5-9】

```
>>fun = @ sin;          % 定义函数句柄
>>x0 = 3;               % 设定初值
>>x = fzero(fun,x0)
```

【例 5-10】

```
>>fun = @ cos;          % 定义函数句柄
>>x0 = [1 2];           % 以初值形式设定求解范围
>>x = fzero(fun,x0)


>>x0 = [1 1.1];
>>x = fzero(fun,x0)
```

【例 5-11】

M 函数文件名 f.m

```
function y = f(x)
y = x.^3 - 2 * x - 5;
```

执行命令

```
>>fun = @ f;            % 定义函数句柄
>>x0 = 2;               % 设定初值
>>z = fzero(fun,x0)
>>roots([1 0 -2 -5])
```

5.7 上机实践

6

```
A = [19234012 95 73 88;
     19234033 84 77 80;
     19234009 66 80 72;
     19234067 92 93 59];
```

7
数据文件名 data5_7. mat
8
数据文件名 data5_8. mat
9
数据文件名 data5_9. mat

B. 6 Simulink 的基本用法

图 6-13 Simulink 模块 文件名 Fig6_13. slx

B.7 MATLAB 解析运算初步

7.1 基本的符号型要素
7.1.1 符号型常数

```
>> sym(1/3)
>> 1/3
>> sin(sym(pi))
>> sin(pi)
```

7.1.2 符号型变量

```
>> clear all
>> A = sym('a', [1 20])
>> whos
>> A(1,5:8)
>> clear all, syms(sym('a', [1 10])), whos
```

7.1.4 符号型表达式

```
>> f = phi^2 - phi - 1
>> syms a b c x, y = a * x^2 + b * x + c
```

7.1.5 符号型表达式的化简

```
>> phi = (1 + sqrt(sym(5)))/2;  f = phi^2 - phi - 1
>> simplify(f)
>> syms x,  f = (x^2-1) * (x^4 + x^3 + x^2 + x + 1) * (x^4 - x^3 + x^2 - x + 1);
>> expand(f)
>> syms x,  g = x^3 + 6 * x^2 + 11 * x + 6;  factor(g)
>> syms x,  h = x^5 + x^4 + x^3 + x^2 + x;  horner(h)
```

7.1.6 符号型变量名称的重新设定

```
>> syms a b, f = a + b
>> syms f
>> f
```

7.1.7 符号型函数

```
>> syms f(x,y),  f(x,y)=x^2 * y
>> f(3,2)
>> f(1:5,3:7)
>> dfx = diff(f,y)
>> dfx = diff(f,x)
>> dfx(y+1,y)
```

7.1.8 符号型矩阵

```
>> A = [a b c; c a b; b c a]
```

```
>> sum(A(1',:))
>> isAlways(sum(A(1,:)) = = sum(A(:,2)))
>> A = sym('A', [2 4])
>> A = sym('A% d% d', [2 4])
>> A = hilb(3)
>> A = sym(A)
```

7.2 MATLAB 解析运算

7.2.1 符号型表达式的微分

```
>> syms x, f = sin(x)^2; diff(f)
>> syms x y, f = sin(x)^2 + cos(y)^2; diff(f)
>> syms x y, f = sin(x)^2 + cos(y)^2; diff(f, y)
>> syms x y, f = sin(x)^2 + cos(y)^2; diff(f, y, 2)
>> diff(diff(f, y))
>> syms x y, f = sin(x)^2 + cos(y)^2; diff(diff(f, y), x)
```

7.2.2 符号型表达式的积分

```
>> syms x, f = sin(x)^2; int(f)
>> syms x y n, f = x^n + y^n; int(f)
>> syms x y n, f = x^n + y^n; int(f, y)
>> syms x y n, f = x^n + y^n; int(f, n)
>> syms x y n, f = x^n + y^n; int(f, 1, 10)
>> syms x, int(sin(sinh(x)))
```

7.2.3 求解符号型表达式的极限

```
>> syms x h, f = sin(x)/x; limit(f,x,0)
>> syms a h, f = (sin(a+h)-sin(a-h))/h; limit(f,h,0)
>> syms x, f = 1/x; limit(f,x,0,'right')
>> limit(f,x,0,'left')
>> syms x a, V = [(1+a/x)^x exp(-x)]; limit(V,x,Inf)
```

7.2.4 求解符号型代数方程及方程组

```
>> syms x, solve(x^3 - 6 * x^2 = = 6 - 11 * x)
>> syms x, solve(x^3 - 6 * x^2 + 11 * x - 6)
>> syms x y, solve(6 * x^2 - 6 * x^2 * y + x * y^2 - x * y + y^3 - y^2 = = 0, y)
>> syms x y z, [x, y, z] = solve(z = = 4 * x, x = = y, z = = x^2 + y^2)
```

【例 7-1】

```
>> syms y(x) a, eqn = diff(y,x) = = a * y; S = dsolve(eqn)
```

【例 7-2】

```
>> syms y(x) a, eqn = diff(y,x,2) = = a * y; ySol(x) = dsolve(eqn)
```

【例 7-3】

```
>> syms y(x) a,  eqn = diff(y,x) == a*y;  cond = y(0) == 5;
>> ySol(x) = dsolve(eqn,cond)
```

【例 7-4】

```
>> syms y(x) a b,  eqn = diff(y,x,2) == a^2*y;
>> Dy = diff(y,x);  cond = [y(0)==b, Dy(0)==1];  ySol(x) = dsolve(eqn,cond)
```

【例 7-5】

```
>> syms y(t) z(t),  eqns = [diff(y,t) == z, diff(z,t) == -y];  S = dsolve(eqns)
>> ySol(t) = S.y
>> zSol(t) = S.z
>> syms y(t) z(t),  eqns = [diff(y,t)==z, diff(z,t)==-y];
>> [ySol(t),zSol(t)] = dsolve(eqns)
>> syms y(x),  eqn = diff(y,2) == (1-y^2)*diff(y) - y;  S = dsolve(eqn)
>> syms y(t),  eqn = diff(y,2) == (1-y^2)*diff(y)-y;
>> V = odeToVectorField(eqn)
>> M = matlabFunction(V,'vars',{'t','Y'})
>> interval = [0 20];  yInit = [2 0];  ySol = ode45(M,interval,yInit);
>> tValues = linspace(0,20,100);          % 设定时间向量
>> yValues = deval(ySol,tValues,1);       % 提取函数值
>> plot(tValues,yValues)                  % 绘图
```

7.2.6 符号型表达式的代入求值

1 把数值代入表达式

```
>> syms x,  f = 2*x^2 - 3*x + 1;  subs(f,1/3)
>> f
>> syms x y,  f = x^2*y + 5*x*sqrt(y);  subs(f, x, 3)
>> subs(f, y, x)
```

2 把矩阵代入多项式

```
>> syms x,  f = x^3 - 15*x^2 - 24*x + 350;  A = [1 2 3;4 5 6];  subs(f,A)
>> syms x,  f = x^3 - 15*x^2 - 24*x + 350;  A = magic(3)
>> b = sym2poly(f)
>> A^3 - 15*A^2 - 24*A + 350*eye(3)
>> polyvalm(b,A)
```

3 符号型矩阵元素的替代

```
>> syms a b c,  A = [a b c; c a b; b c a]
>> alpha = sym('alpha');  beta = sym('beta');
>> A(2,1) = beta;                    % 按元素位置赋以新值.
```

```
>>A = subs(A, b, alpha)          % 按元素值做替代
```

7.2.7 符号型函数的绘图

1 绘制显式函数

```
>> syms x,  f = x^3 - 6 * x^2 + 11 * x - 6;  fplot(f)
>> xlabel('x'), ylabel('y'), title(texlabel(f)), grid on
```

2 绘制隐式函数

```
>> syms x y,  eqn = (x^2 + y^2)^4 == (x^2 - y^2)^2;  fimplicit(eqn, [-1 1])
>> xlabel('x'), ylabel('y'), title(texlabel(eqn))
```

3 绘制符号型函数的三维图像

```
>> syms t,  fplot3(t^2 * sin(10 * t), t^2 * cos(10 * t), t);
>> xlabel('x'), ylabel('y'), zlabel('z')
```

4 绘制三维曲面图形和网格图形

```
>> syms x y,  fsurf(x^2 + y^2)
>> syms x y,  fmesh(x^2 - y^2)
```

7.2.8 对符号型变量使用假设条件

1 为符号型变量设定假设条件

```
>> syms x
>> a = sym('a', 'real');  b = sym('b', 'real');  c = sym('c', 'positive');
>> syms a b real,  syms c positive
```

2 测试符号型变量的假设条件

```
>> syms z,  assumptions(z)
```

3 删除符号型对象的假设条件

```
>> syms x real
>> clear x
>> x = sym('x');
>> solve(x^2 + 1 == 0, x)
```

7.2.9 符号型对象与数值型对象的相互转化

1 将数值型对象转化成符号型对象

```
>> t = 0.1;  sym(t)
>> N1 = 1/7,  N2 = pi,  N3 = 1/sqrt(2)
>> S1 = sym(N1),  S2 = sym(N2),  S3 = sym(N3)
```

2 将符号型数转化成数值型数

```
>>symN = sym([pi 1/3])
>>doubleN = double(symN)
```

B. 8 MATLAB 与 C 语言的接口应用

【例 8-1】

```
>> mex explore.c    % 编译成 explore.mexw64 文件
>>x = 3;
>> explore(x)
>> explore(x)

>> explore ([1, 2, 3 ; 4, 5, 0])
>> explore (sparse(eye(5)))
>> explore ({'name','Joe Jones','ext', 7332})
```

【例 8-2】

C++文件名 Mig.c

```
01  #include "mex.h"                                    /* 含有 MEX 库函数的头文件 */
02  void mexFunction (int nlhs, mxArray               /* C-MEX 文件与 MATLAB 语言之间的
03   *plhs[], int nrhs, const mxArray *prhs[]) 接口函数 */
04    {
05      mexPrintf("MATLAB is great!\n");      /* C-MEX 文件 C 程序内容 */
06    }
>> mex  Mig.c
>>Mig.c
>> mexext
>> mex arrayProduct.c;
>> x = 2;
>> y = [1 4];
>> z = arrayPorduct (x,y)
```

【例 8-3】

```
>> mex-v D:\MATLABroot \extern \examples \mex \explore.c
```

8. 2. 2 mex 指令及环境建立

2 mex 编译环境建立

```
>> mex-setup
>>mex -setup C++
```

【例 8-4】

```
01  #include "mex.h"                          /* MEX 库函数的头文件 */
02  #include "math.h"                         /* C 语言数学库的头文件 */
03  void mexFunction(int nlhs, mxArray *plhs[],    /* mexFunction 函数 */
04             int nrhs, const mxArray *prhs[])
```

```
05  {
06      double *x,*y,*z;                         /*定义3个C的指针变量*/
07      double Realdata=10;                      /*定义1个C的变量并赋值*/
08      plhs[0]=mxCreateDoubleScalar            /*创建mxArray结构的输出标量内存*/
            (mxDOUBLE_CLASS);                    /*数据类型是双精度*/
09      x=mxGetPr(prhs[0]);                     /*获取第一个输入参数的指针,赋给x*/
10      y=mxGetPr(prhs[1]);                     /*获取第二个输入参数的指针,赋给y*/
11      z=mxGetPr(plhs[0]);                     /*获取输出参数的指针,赋给z*/
12      *z=(Realdata)*sin(*x)+(*y);             /*计算式*/
13      return;
14  }
```

```
>> mex fun2t1.c;
>> a=pi/2;
>> b=1;
>> c=fun2t1(a,b)
```

```
#include "mex.h"                              /*MEX库函数的头文件*/
void mexFunction(int nlhs, mxArray *plhs[],  /*接口函数声明*/
        int nrhs, const mxArray *prhs[])
{
    nlhs=3;              /*表明函数有3个输出参数*/
    nrhs=4;              /*表明函数有4个输入参数  /*
    /*C程序*/           /*C程序必须使用输入的4个参数prhs[0]、prhs[1]、prhs
                          [2]和prhs[3]完成编程计算.*/
    plhs[0]=mxCreate…    /*创建plhs[0]输出参数为mxArray型结构*/
    plhs[1]=mxCreate…    /*创建plhs[1]输出参数为mxArray型结构*/
    plhs[2]=mxCreate…    /*创建plhs[2]输出参数为mxArray型结构*/
    /*C程序*/           /*C程序必须对输出的3个参数plhs[0]、prhs[1]和prhs
                          [2]进行赋值.
}
```

```
>> [x, y, z]= fun4t3(a, b, c, d);
```

参 考 文 献

[1] The MathWorks Inc. MATLAB 3. 5k User's Guide. Natick USA：1990.

[2] 马秀莲，庞希坚. MATLAB 语言：一种非常实用有效的科研编程软件环境. 北京：中国科学院希望高级电脑技术公司.

[3] 薛定宇. 科学运算语言 MATLAB 5. 3 程序设计与应用. 北京：清华大学出版社，2000.

[4] 张志涌. 精通 MATLAB 6. 5 版. 北京：北京航空航天大学出版社，2003.

[5] 薛定宇. 基于 MATLAB/Simulink 的系统仿真技术与应用. 北京：清华大学出版社，2002.

[6] 张志涌. MATLAB 教程：基于 6. x 版本. 北京：北京航空航天大学出版社，2001.

[7] 马兴义. Matlab 6 应用开发指南. 北京：机械工业出版社，2002.

[8] 苏金明. MATLAB 6. 1 实用指南：下册. 北京：电子工业出版社，2002 .

[9] 苏金明. MATLAB 6. 1 实用指南：上册. 北京：电子工业出版社，2002.

[10] 孙亮. MATLAB 语言与控制系统仿真. 北京：北京工业大学出版社，2001.

[11] MATHEWS J W. 数值方法：MATLAB 版. 陈渝，等译. 3 版. 北京：电子工业出版社，2002.

[12] LUTOVAC M D. 信号处理滤波器设计：基于 MATLAB 和 Mathematica 的设计方法. 北京：电子工业出版社，2002.

[13] 闻新. MATLAB 科学图形构建基础与应用. 北京：科学出版社，2002.

[14] NAKAMURA S. 科学计算引论：基于 MATLAB 的数值分析. 梁恒，等译. 2 版. 北京：电子工业出版社，2002.

[15] 王学辉. Matlab 6. 1 最新应用详解. 北京：中国水利水电出版社，2002.

[16] 于浩洋. MATLAB 实用教程：控制系统仿真与应用. 北京：化学工业出版社，2009.

[17] 吴忠强. 控制系统仿真及 MATLAB 语言. 北京：电子工业出版社，2009.

[18] 周品. MATLAB 数学建模与仿真. 北京：国防工业出版社，2009.

[19] 景振毅. MATLAB 7. 0 实用宝典. 北京：中国铁道出版社，2009.

[20] 董辰辉. MATLAB 2008 全程指南. 北京：电子工业出版社，2009.

[21] 刘会灯. MATLAB 编程基础与典型应用. 北京：人民邮电出版社，2008.

[22] 周建兴. MATLAB 从入门到精通. 北京：人民邮电出版社，2008.

[23] 金书明等. MATLAB 与外部程序接口. 北京：电子工业出版社，2004.

[24] 张威. MATLAB 外部接口编程. 西安：西安电子科技大学出版社，2004.

[25] 刘维. 精通 Matlab 与 C/C++混合程序设计. 北京：北京航空航天大学出版社，2005.

[26] The MathWorks Inc. MATLAB on line documentation R2019a. Natick USA：2019.

[27] The MathWorks Inc. MATLAB on line documentation R2019b. Natick USA：2019.